Franz Pfuff

Mathematik für Wirtschaftswissenschaftler kompakt

Bibliografische Information der Deutschen Nationalbibliothek
Die Deutsche Nationalbibliothek verzeichnet diese Publikation in der
Deutschen Nationalbibliografie; detaillierte bibliografische Daten sind im Internet über
<http://dnb.d-nb.de> abrufbar.

Dr. rer. pol. Franz Pfuff
ist apl. Professor an der Wirtschaftswissenschaftlichen Fakultät der Universität Regensburg.

E-Mail: franz.pfuff@wiwi.uni-regensburg.de

1. Auflage 2009

Lektorat: Ulrike Schmickler-Hirzebruch | Nastassja Vanselow

Vieweg+Teubner ist Teil der Fachverlagsgruppe Springer Science+Business Media.
www.viewegteubner.de

Umschlaggestaltung: KünkelLopka Medienentwicklung, Heidelberg
Druck und buchbinderische Verarbeitung: MercedesDruck, Berlin
Gedruckt auf säurefreiem und chlorfrei gebleichtem Papier.
Printed in Germany

ISBN 978-3-8348-0711-3

Franz Pfuff

Mathematik für Wirtschaftswissenschaftler kompakt

Kurz und verständlich mit vielen einfachen Beispielen

STUDIUM

Inhaltsverzeichnis

Theorie

1 Grundlagen der Arithmetik 9
Rechnen mit Brüchen – Potenzen – Wurzeln –
Lösung einer quadratischen Gleichung – Binomische Formeln –
Lösung von linearen Gleichungen mit zwei Unbekannten

2 Mengen 15
Teilmenge – Durchschnittsmenge – Vereinigungsmenge –
Differenzmenge – Komplementärmenge – Intervalle –
Produktmenge

3 Ungleichungen und Absolutbeträge 20

4 Funktionen 23
Allgemeine Begriffe – Monotonieverhalten –
Krümmungsverhalten – Umkehrfunktion –
zusammengesetzte Funktion – Gleichung einer Geraden

5 Grenzwerte von Funktionen 29

6 Ableitungen 32
Definition der Ableitung – Ableitung der Potenzfunktion –
Summenregel – Produktregel – Quotientenregel – Kettenregel

7 Exponential- und Logarithmusfunktion 36
Exponentialfunktion e^x – Logarithmusfunktion $\ln x$ –
Rechenregeln für e^x und $\ln x$ – Beispiele – Ableitungen –
Logarithmische Ableitung

8 Kurvendiskussion 40
Monotonie- und Krümmungsverhalten –
Extremwerte: Notwendige und hinreichende Bedingung –
Wendepunkte – Beispiele

9 Funktionen von zwei Variablen 45
Höhenlinien (= Indifferenzkurven) – Homogenität

10 Die partielle Ableitung 48
Definition – Beispiele – Cobb-Douglas-Funktion

11 Totales Differential – Grenzrate der Substitution 50
Definition – ökonomische Beispiele – Steigung einer Höhenlinie

12 Extrema mit und ohne Nebenbedingungen 54
Extrema ohne Nebenbedingungen:
Notwendige und hinreichende Bedingung – Beispiele
Extrema unter Nebenbedingungen: Lagrange-Methode

13 Integrale 59
Unbestimmtes Integral – bestimmtes Integral –
Uneigentliches Integral – Beispiele

14 Elastizitäten 63

15 Finanzmathematik 65
Summenformeln für die endliche arithmetische Reihe –
endliche geometrische Reihe – unendliche geometrische Reihe
Zinseszinsrechnung: einfache Verzinsung – Zinseszinsformel –
Barwertformel – Berechnung des Zinssatzes und der Laufzeit
Rentenrechnung: Zahlungen am Anfang und Ende einer Periode
Tilgungsrechnung: fallende und konstante Annuitäten

16 Matrizen 73
Bezeichnungen – Vergleich von Matrizen
Rechenoperationen für Matrizen: Addition von Matrizen –
Multiplikation der Matrix **A** mit einer Zahl (= Skalar) –
Skalarmultiplikation von Vektoren –
Multiplikation der Matrix **A** mit einem Spaltenvektor **x** –
Matrizenmultiplikation $\mathbf{A} \cdot \mathbf{B}$ – transponierte Matrix –
Rechenregeln für die Matrizenmultiplikation
Vektoren: Geometrische Interpretation – lineare Unabhängigkeit

17 Lineare Gleichungssysteme 83
Allgemeine Bezeichnungen –
Lösung von linearen Gleichungssystemen mit drei Unbekannten –
Eliminationsverfahren nach Gauß – Lösbarkeit – Beispiele

18 Determinanten 90
Definition – lineare Unabhängigkeit von Vektoren –
Lösung von linearen Gleichungssystemen (Cramersche Regel) –
Rechenregeln für Determinanten

19 Inverse Matrizen **93**
Definition – Berechnung der Inversen $\mathbf{A}^{-1}$ –
Berechnung von $\mathbf{A}^{-1}$ für (2×2)-Matrizen – Rechenregeln –
Anwendungsmöglichkeiten von inversen Matrizen

20 Lineare Programmierung **97**
Beispiele: Maximierungsproblem – Minimierungsproblem –
grafische Lösung

Aufgaben und Lösungen

		Aufgaben	Lösungen
1	**Arithmetik**	105	135
2	**Mengen**	107	136
3	**Ungleichungen und Absolutbeträge**	109	139
4	**Funktionen einer Variablen**	110	139
5	**Die Ableitung einer Funktion**	111	141
6	**Funktionen von zwei Variablen**	112	142
7	**Umkehrfunktion, zusammengesetzte Funktion**	113	145
8	**Exponential- und Logarithmusfunktion**	114	147
9	**Kurvendiskussion**	116	149
10	**Extrema mit und ohne Nebenbedingungen**	118	153
11	**Integralrechnung**	119	154
12	**Elastizitäten**	120	155
13	**Matrizen**	121	155
14	**Determinanten**	123	157
15	**Inverse Matrizen**	124	158
16	**Lineare Gleichungssysteme**	125	159
17	**Summen und Reihen**	126	160
18	**Prozentrechnung**	127	161
19	**Finanzmathematik**	128	162
20	**Lineare Programmierung**	130	164

Vorwort

Das vorliegende Lehrbuch entstand aus zahlreichen Vorlesungen und Übungen an der Universität Regensburg und ist speziell auf die Bedürfnisse des Bachelor-Studiums zugeschnitten.

Es ist angesiedelt zwischen einem klassischen Lehrbuch und einer Formelsammlung. Eine reine Formelsammlung reicht in den meisten Fällen nicht aus, da in der Regel die Erklärungen und Beispiele fehlen. Viele Bachelor-Studenten empfinden jedoch auch ein klassisches Lehrbuch als zu umfangreich und bevorzugen lieber eine kompaktere Darstellung des Stoffs.

Die Stoffauswahl beschränkt sich konsequent auf alles, was zum Bestehen der Klausur und zum Verständnis der mathematischen Probleme in anderen Fächern des Studiums wirklich notwendig ist.

Theoretische Erklärungen sind dabei bewusst knapp gehalten und es wird, wo immer es möglich ist, weitgehend auf Abstraktion verzichtet. Der Student soll vielmehr anhand von Beispielen lernen, wie man die mathematischen Regeln anwendet. Trotzdem wird aber jeder Begriff so ausführlich wie möglich erklärt.

Das Buch soll es dem Studenten ermöglichen, sich ohne großen Aufwand auf eine Klausur vorzubereiten. Es ist sowohl als Begleitlektüre zu einer Vorlesung als auch zum Selbststudium geeignet.

Besonderer Dank gebührt dem Herausgeber der Reihe, Herrn Prof. Dr. Bernd Luderer, der das Manuskript sehr sorgfältig durchgelesen hat und von dem zahlreiche Hinweise stammen, die zu einer Verbesserung beitrugen. Bedanken möchte ich mich aber auch bei Frau Schmickler-Hirzebruch vom Verlag Vieweg+Teubner für die stets angenehme Zusammenarbeit. Nicht zuletzt möchte ich mich bereits im Voraus für konstruktive Kritik aus dem Leserkreis bedanken.

Regensburg, im Januar 2009 Franz Pfuff

Teil I

Theorie

1 Grundlagen der Arithmetik

1.1 Das Rechnen mit Brüchen

Für die Zahlen $a, b, c, d \in \mathbb{R}$ gilt:

a. $\frac{a}{b} + \frac{c}{d} = \frac{a \cdot d + b \cdot c}{b \cdot d}$ **gemeinsamer Nenner**

b. $\frac{a}{b} \cdot \frac{c}{d} = \frac{a \cdot c}{b \cdot d}$ **Multiplikation**

c. $\frac{a}{b} : \frac{c}{d} = \frac{\frac{a}{b}}{\frac{c}{d}} = \frac{a}{b} \cdot \frac{d}{c} = \frac{a \cdot d}{b \cdot c}$ **Division**

d. $\frac{a}{b} \cdot \frac{c}{c} = \frac{a \cdot c}{b \cdot c}$ **Erweitern**

Beispiele:

a) $\frac{x}{y} - \frac{y}{x} = \frac{x^2 - y^2}{x \cdot y}$

b) $\frac{x^2+1}{x-1} \cdot \frac{\frac{1}{x}}{\frac{1}{x}} = \frac{x + \frac{1}{x}}{1 - \frac{1}{x}}$

c) $\frac{1}{\left(\frac{1}{x}\right)} = 1 \cdot \frac{x}{1} = x$

d) $\frac{x}{1-x} \cdot \frac{1}{x} = \frac{x \cdot 1}{x \cdot (1-x)} = \frac{1}{1-x}$.

1.2 Das Rechnen mit Potenzen

Für alle Exponenten $a, b \in \mathbb{R}$ gilt:

a. $x^0 = 1$ für $x \neq 0$

b. $x^a \cdot x^b = x^{a+b}$

c. $\frac{x^a}{x^b} = x^a \cdot x^{-b} = x^{a-b}$

d. $x^a \cdot y^a = (x \cdot y)^a$

e. $\left(\frac{x}{y}\right)^a = \frac{x^a}{y^a}$

f. $(x^a)^b = x^{a \cdot b}$.

Beispiele:

a) $\lambda^2 y + (\lambda x)\cdot(\lambda y) = \lambda^2 y + \lambda^2 xy = \lambda^2 y(1+x)$

b) $x \cdot x^2 \cdot x^5 = x^{1+2+5} = x^8$

c) $\dfrac{(1-x)^2}{(1-x)^4} = (1-x)^{2-4} = (1-x)^{-2} = \dfrac{1}{(1-x)^2}$

d) $\dfrac{x^{a+1}}{x^{b+1}} = x^{a+1-b-1} = x^{a-b} = \dfrac{x^a}{x^b}$

e) $\dfrac{1}{x^3} + \dfrac{1}{x^2} = \dfrac{x^2+x^3}{x^3\cdot x^2} = \dfrac{x^2\cdot(1+x)}{x^5} = \dfrac{1+x}{x^3}$

f) $\left(\dfrac{x-y}{x}\right)^2 \cdot \left(\dfrac{y}{x-y}\right)^2 = \left[\dfrac{(x-y)\cdot y}{x\cdot(x-y)}\right]^2 = \left(\dfrac{y}{x}\right)^2 = \dfrac{y^2}{x^2}$

g) $(-x^3)^2 = [(-1)\cdot x^3]^2 = (-1)^2 \cdot x^6 = x^6$

h) $(x^{-1})^{-1} = x^{(-1)\cdot(-1)} = x^1 = x$

i) $(-x^2)^{-3} = [(-1)\cdot x^2]^{-3} = (-1)^{-3}\cdot x^{-6} = \dfrac{1}{(-1)^3\cdot x^6} = -\dfrac{1}{x^6}.$

1.3 Das Rechnen mit Wurzeln

Die n-te Wurzel einer Zahl $a \geq 0$ ist definiert gemäß

$$b = \sqrt[n]{a} = a^{\frac{1}{n}}$$

und stellt die Lösung der Gleichung $b^n = a$ dar. Es gilt nämlich:

$$b^n = a \Rightarrow (b^n)^{\frac{1}{n}} = a^{\frac{1}{n}} \Rightarrow b = a^{\frac{1}{n}} = \sqrt[n]{a}.$$

Für $n = 2$ schreibt man abkürzend: $b = \sqrt{a} = a^{\frac{1}{2}}$.

Weiter gelten die Rechenregeln:

a. $\sqrt[n]{a^m} = a^{\frac{m}{n}}$ **b.** $\dfrac{1}{\sqrt[n]{a^m}} = a^{-\frac{m}{n}}.$

Beispiele:

a) $x\sqrt{x} = x^1 \cdot x^{\frac{1}{2}} = x^{\frac{3}{2}} = \sqrt{x^3}$

b) $\dfrac{x}{\sqrt{x}} = x^1 \cdot x^{-\frac{1}{2}} = x^{\frac{1}{2}} = \sqrt{x}$

c) $\sqrt{\sqrt{x}} = \left(x^{\frac{1}{2}}\right)^{\frac{1}{2}} = x^{\frac{1}{4}} = \sqrt[4]{x}$

d) $\sqrt{x\sqrt{x}} = \left(x^1 \cdot x^{\frac{1}{2}}\right)^{\frac{1}{2}} = \left(x^{\frac{3}{2}}\right)^{\frac{1}{2}} = x^{\frac{3}{4}} = \sqrt[4]{x^3}$

e) $\sqrt{\frac{1}{x^4}} = x^{-\frac{4}{2}} = x^{-2} = \frac{1}{x^2}$

f) $\frac{1}{x} \cdot \sqrt{y} \cdot \sqrt{\frac{x}{y}} = x^{-1} \cdot y^{\frac{1}{2}} \cdot x^{\frac{1}{2}} \cdot y^{-\frac{1}{2}} = x^{-\frac{1}{2}} \cdot y^0 = \frac{1}{\sqrt{x}}.$

1.4 Die Lösung einer quadratischen Gleichung

Die Lösung einer **quadratischen Gleichung**

$$ax^2 + bx + c = 0$$

erhält man mit Hilfe der Formel

$$x_{1,2} = \frac{-b \pm \sqrt{b^2 - 4ac}}{2a}.$$

Die quadratische Gleichung besitzt **keine Lösung**, falls gilt: $b^2 - 4ac < 0$.

Faktorisierung:
Sind x_1 und x_2 die Lösungen der quadratischen Gleichung $ax^2 + bx + c = 0$, so kann man diesen Ausdruck auch als Produkt schreiben (= **faktorisieren**), wie folgt:

$$ax^2 + bx + c = a \cdot (x - x_1) \cdot (x - x_2).$$

Beispiel:

$2x^2 + 2x - 12 = 0 \Rightarrow$

$$\Rightarrow x_{1,2} = \frac{-2 \pm \sqrt{4 - 4 \cdot 2 \cdot (-12)}}{4} = \frac{-2 \pm \sqrt{4 + 96}}{4} = \frac{-2 \pm 10}{4} \Rightarrow$$

$\Rightarrow x_1 = -3,\ x_2 = 2,$ und es gilt: $2x^2 + 2x - 12 = 2 \cdot (x + 3) \cdot (x - 2).$

1.5 Die binomischen Formeln

a. $(a + b)^2 = a^2 + 2ab + b^2$ **b.** $(a - b)^2 = a^2 - 2ab + b^2$

c. $(a + b) \cdot (a - b) = a^2 - b^2.$

Beispiele:

a) $(x-\sqrt{2})\cdot(x+\sqrt{2}) = x^2-(\sqrt{2})^2 = x^2-2$

b) $\left(a-\frac{b}{2}\right)^2 = a^2-2a\frac{b}{2}+\frac{b^2}{4} = a^2-ab+\frac{b^2}{4}$

c) $(a+b)^2\cdot(a-b)^2 = [(a+b)\cdot(a-b)]^2 = [a^2-b^2]^2 = a^4-2a^2b^2+b^4.$

1.6 Die Lösung linearer Gleichungssysteme mit zwei Unbekannten

Lineare Gleichungssysteme mit zwei Variablen lassen sich häufig am einfachsten mit der **Gleichsetzungsmethode** lösen.

Beispiele:

a) Löst man die folgenden beiden Gleichungen jeweils nach x_2 auf, so ergibt sich:

$$\begin{array}{rcl} x_1 - x_2 = 1 & \Rightarrow x_2 = & -1 + x_1 \quad (I) \\ 2x_1 + 4x_2 = 8 & \Rightarrow x_2 = \dfrac{8-2x_1}{4} = & 2 - \dfrac{1}{2}x_1 \quad (II) \end{array}$$

Durch Gleichsetzen $(I) = (II)$ erhält man:

$$-1+x_1 = 2-\frac{1}{2}x_1 \Rightarrow \frac{3}{2}x_1 = 3 \Rightarrow x_1 = 2$$

und durch Einsetzen von $x_1 = 2$ in Gleichung (I): $x_2 = 2-1 = 1$.
Als Lösung ergibt sich also der Punkt $(x_1, x_2) = (2, 1)$.

Beide Gleichungen kann man auch geometrisch interpretieren als Geraden im x_1x_2-Koordinatensystem. Der Schnittpunkt dieser beiden Geraden stellt dann die **eindeutige** Lösung $(x_1, x_2) = (2, 1)$ dar.

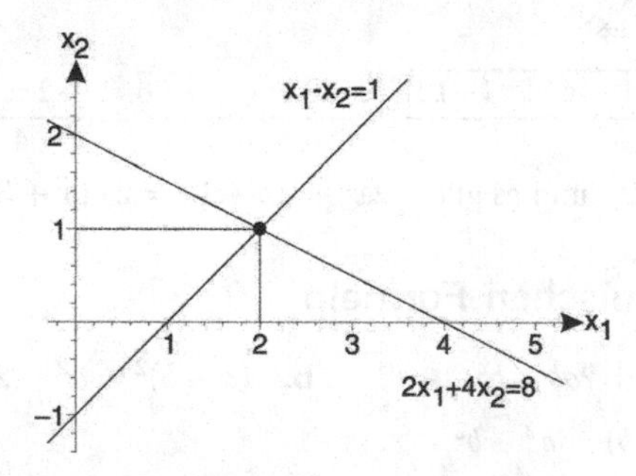

b) $x_1 - 2x_2 = -4 \Rightarrow x_2 = \dfrac{-4 - x_1}{-2} = 2 + \dfrac{1}{2}x_1.$

Das Gleichungssystem besteht hier nur aus einer einzigen Gleichung. Jeder Punkt auf der Geraden ist eine Lösung; es gibt also **unendlich viele** Lösungen. Als spezielle Lösungen erhält man z.B.

$(x_1, x_2) = \left(1, \dfrac{5}{2}\right)$, $(x_1, x_2) = (0, 2)$, $(x_1, x_2) = (-4, 0)$ usw.

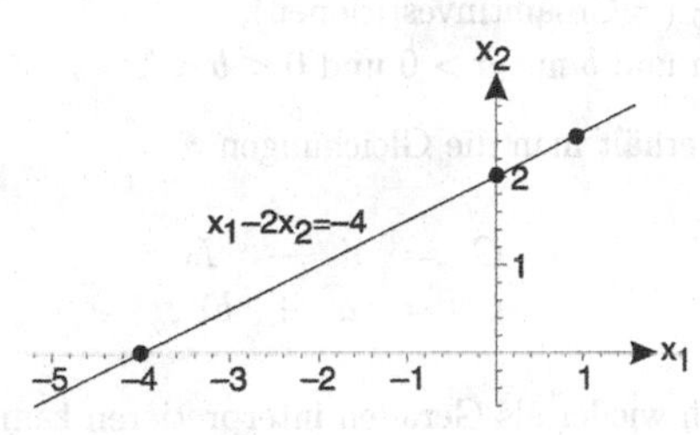

c) Durch Auflösen der folgenden beiden Gleichungen nach x_2 erhält man:

$$x_1 - x_2 = -1 \Rightarrow x_2 = 1 + x_1$$
$$x_1 - x_2 = 1 \Rightarrow x_2 = -1 + x_1$$

Beide Gleichungen verlaufen parallel zueinander und besitzen keinen Schnittpunkt; das Gleichungssystem hat also **keine** Lösung.

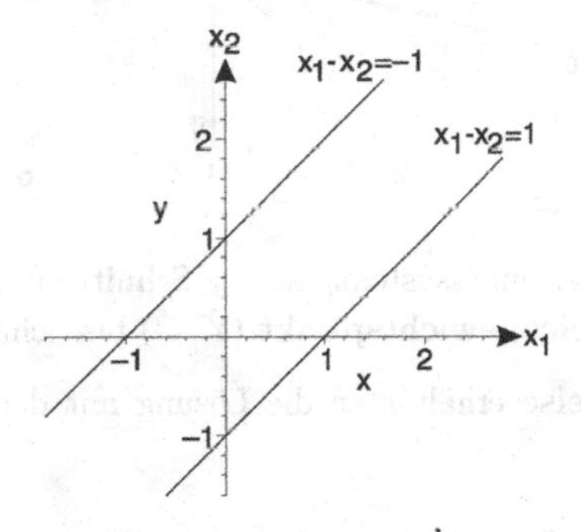

Hinweis:

Lineare Gleichungssysteme mit mehr als drei Variablen löst man am besten systematisch mit Hilfe des Eliminationsverfahrens nach Gauß. Dieses Verfahren wird in Kapitel 17 beschrieben.

In den Wirtschaftswissenschaften sind häufig auch Gleichungssysteme in parametrischer Form zu lösen. Ein typisches Beispiel dafür stellt das bekannte makroökonomische Modell

$$\begin{aligned} Y &= C + I_0 \\ C &= a + bY \end{aligned}$$

dar. Um bei der Lösung keinen Fehler zu begehen, muss man **streng unterscheiden** zwischen
den **Variablen** Y (= Volkseinkommen) und C (= Konsum),
der **Konstanten** I_0 (= Gesamtinvestitionen),
den **Parametern** a und b mit $a > 0$ und $0 < b < 1$.

Durch Umformung erhält man die Gleichungen

$$\begin{aligned} C &= Y - I_0 \\ C &= a + bY, \end{aligned}$$

die man geometrisch wieder als Geraden interpretieren kann.

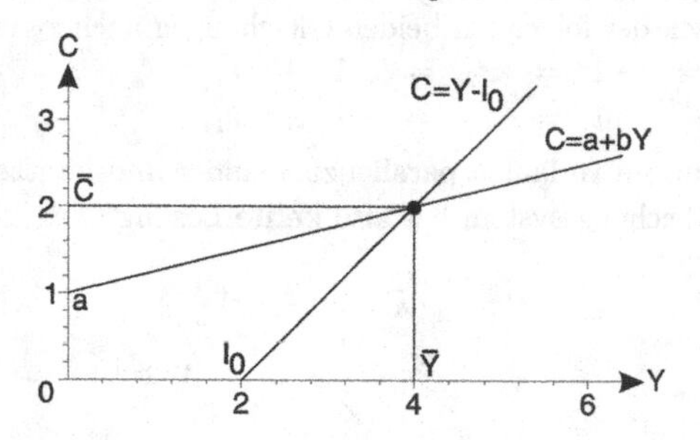

Die Lösung dieses Gleichungssystems ist der Schnittpunkt der beiden Geraden, den man auch als **Gleichgewichtspunkt** $(\bar{Y}, \bar{C})$ bezeichnet.

Auf **analytische Weise** erhält man die Lösung mit der Gleichsetzungsmethode:

$$Y - I_0 = a + bY \Rightarrow Y - bY = a + I_0 \Rightarrow (1-b)Y = a + I_0 \Rightarrow \bar{Y} = \frac{a + I_0}{1 - b}.$$

Setzt man $\bar{Y}$ in die Gleichung $C = Y - I_0$ ein, so ergibt sich:

$$\bar{C} = \frac{a + I_0}{1 - b} - I_0 = \frac{a + I_0 - I_0 + bI_0}{1 - b} = \frac{a + bI_0}{1 - b}.$$

Für $b = 1$ verlaufen die beiden Geraden parallel und es gibt keine Lösung.

2 Mengen

2.1 Definitionen

Für Mengen benützt man allgemein die Schreibweise

$$A = \{a \mid a \text{ hat Eigenschaft } p\}.$$

Häufig benützte Zahlenmengen sind:

$\mathbb{N} = \{n \mid n \text{ natürliche Zahl}\} = \{1, 2, 3, \ldots\}$
$\mathbb{Z} = \{n \mid n \text{ ganze Zahl}\} = \{\ldots, -2, -1, 0, 1, 2, \ldots\}$
$\mathbb{R} = \{x \mid x \text{ reelle Zahl}\}$
$\emptyset = \{\,\} =$ leere Menge
$|A|$ bezeichnet die Anzahl der Elemente einer Menge A.

Für den Vergleich und die Verknüpfung der Mengen A und B gibt es die folgenden Operationen:

2.1.1 Teilmenge

A ist eine Teilmenge von B, wenn jedes Element von A auch in B enthalten ist. Man schreibt dann:

$A \subset B$, falls A eine Teilmenge von B ist
$A \not\subset B$, falls A **nicht** Teilmenge von B ist.

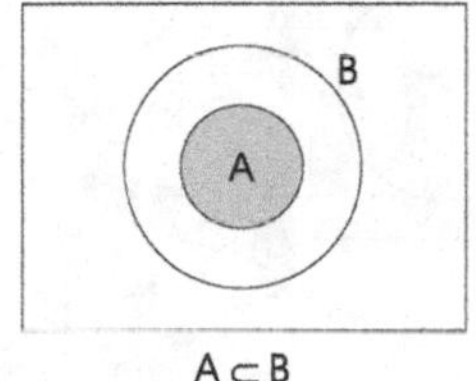

A⊂B

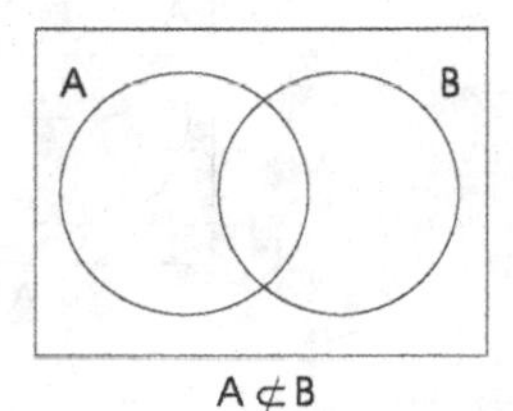

A⊄B

2.1.2 Durchschnittsmenge

$A \cap B = \{x \mid (x \in A) \wedge (x \in B)\}$

Menge aller Elemente, die in A **und** B **gleichzeitig** liegen.

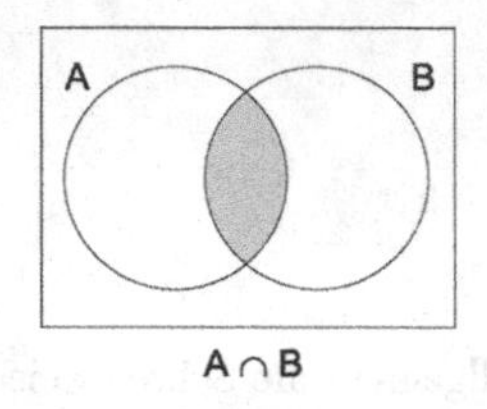

A ∩ B

2.1.3 Vereinigungsmenge

$A \cup B = \{x \mid (x \in A) \vee (x \in B)\}$

Menge aller Elemente, die in A **oder** in B **oder** in A und B gleichzeitig liegen.

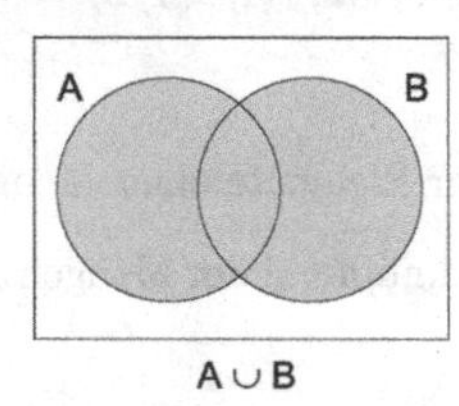

A ∪ B

2.1.4 Differenzmenge

$A \setminus B = \{x \mid (x \in A) \wedge (x \notin B)\}$

Menge aller Elemente, die in A, **aber nicht** in B liegen.

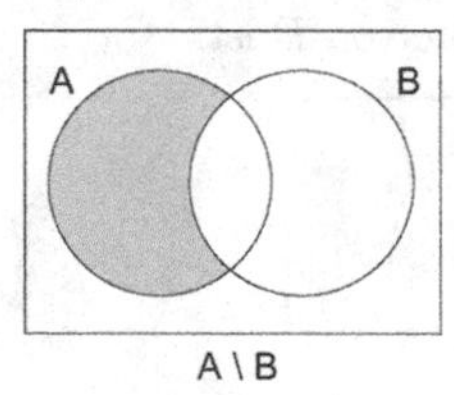

A \ B

2.1.5 Komplementärmenge

von A bezüglich M ist definiert gemäß

$\overline{A}_M = \{x \in M \mid x \notin A\} = M \setminus A \quad \text{für } A \subset M$

Menge aller Elemente, die **außerhalb** von A liegen.

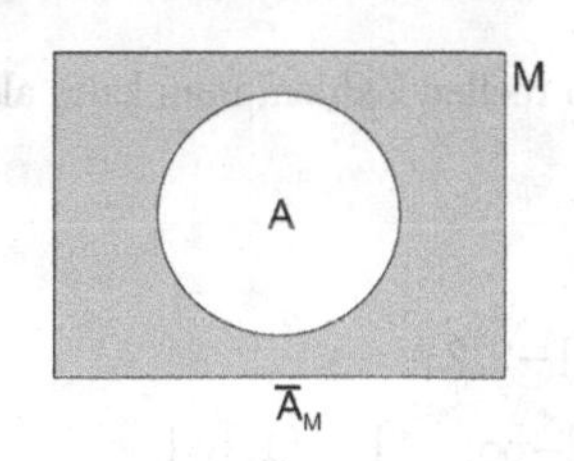

Beispiele:
Für die Mengen $A = \{1,2,3,4\}$, $B = \{1,2,3\}$ und $C = \{0,4\}$ gilt:

a) $|A| = 4$, $|B| = 3$, $|C| = 2$

b) $B \subset A$,
$A \not\subset B$, da $4 \in A$, aber $4 \notin B$, $C \not\subset A$, da $0 \in C$, aber $0 \notin A$

c) $A \cap B = \{1,2,3\}$, $A \cap \mathbb{Z} = \{1,2,3,4\} = A$, da $A \subset \mathbb{Z}$,
$B \cap C = \emptyset$, $A \cap C = \{4\}$

d) $A \cup B = \{1,2,3,4\} = A$, da $B \subset A$,
$B \cup C = \{0,1,2,3,4\}$, $A \cup \mathbb{N} = \mathbb{N}$, da $A \subset \mathbb{N}$

e) $A \setminus B = \{4\}$, $B \setminus A = \emptyset$, da $B \subset A$,
$A \setminus C = \{1,2,3\}$, $B \setminus C = \{1,2,3\} = B$, da $C \not\subset B$

f) $\overline{B}_A = \{4\}$, $\overline{A}_{\mathbb{N}} = \{5,6,7,\ldots\}$,
$\overline{C}_A$ existiert nicht, da $C \not\subset A$.

2.2 Intervalle

Für zusammenhängende Bereiche von reellen Zahlen benützt man häufig die übersichtliche Intervallschreibweise. Man unterscheidet dabei zwischen

endlichen Intervallen

$[a,b] = \{x \in \mathbb{R} \mid a \le x \le b\}$, $[a,b[= \{x \in \mathbb{R} \mid a \le x < b\}$,
$]a,b] = \{x \in \mathbb{R} \mid a < x \le b\}$, $]a,b[= \{x \in \mathbb{R} \mid a < x < b\}$.

unendlichen Intervallen, wie z.B.: $[a,\infty[= \{x \in \mathbb{R} \mid a \le x < \infty\}$

Intervalle sind Mengen von reellen Zahlen; man kann also alle Mengenoperationen darauf anwenden.

Beispiele:

$A = \{x \in \mathbb{R} \mid x^2 < 4\} = \,]-2, 2[\,,$

$B = \{x \in \mathbb{R} \mid x^2 \geq 1\} = \,]-\infty, -1] \cup [1, \infty[,$

$C = \{x \in \mathbb{R} \mid x \leq 2\} = \,]-\infty, 2].$

Um die folgenden Verknüpfungen zwischen den Mengen A, B und C leichter bestimmen zu können, ist es sinnvoll, diese Intervalle jeweils auf einer Zahlengeraden darzustellen:

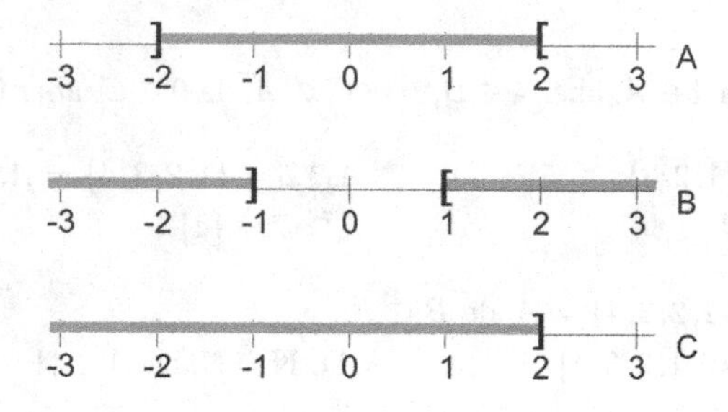

Es gilt dann z. B.:

a) $A \subset C,$

b) $C \not\subset A$, da $2 \in C$, aber $2 \notin A$,

c) $A \cap B = \,]-2, -1] \cup [1, 2[\,,$

d) $A \cap C = \,]-2, 2[\, = A,$

e) $A \cup B = \mathbb{R},$

f) $A \cup C = \,]-\infty, 2] = C,$

g) $A \setminus C = \emptyset,$

h) $C \setminus A = \,]-\infty, -2] \cup \{2\},$

i) $\overline{A}_{\mathbb{R}} = \,]-\infty, -2] \cup [2, \infty[\,,$

j) $\overline{B}_{\mathbb{R}} = \,]-1, 1[.$

2.3 Produktmengen

Die Produktmenge $A \times B = \{(a, b) \mid a \in A, b \in B\}$

wird aus den Mengen A und B gebildet, indem man **jedes** Element $a \in A$ mit **jedem** Element $b \in B$ **kombiniert**.

Die Elemente (a, b) bezeichnet man als 2-**Tupel** oder Paare.
Innerhalb von (a, b) dürfen die Komponenten nicht vertauscht werden; es ist also in der Regel $(a, b) \neq (b, a)$.

Wichtige Anwendungsbeispiele für Produktmengen sind:

a) $\mathbb{R}^2 = \mathbb{R} \times \mathbb{R} = \{(x_1, x_2) \mid x_1 \in \mathbb{R},\ x_2 \in \mathbb{R}\}$
Diese Menge interpretiert man als die reelle Zahlenebene. Dabei wird x_1 auf der **waagrechten** und x_2 auf der **senkrechten** Koordinatenachse abgetragen. Wie man sieht, ergeben $(2, 1)$ und $(1, 2)$ verschiedene Punkte.

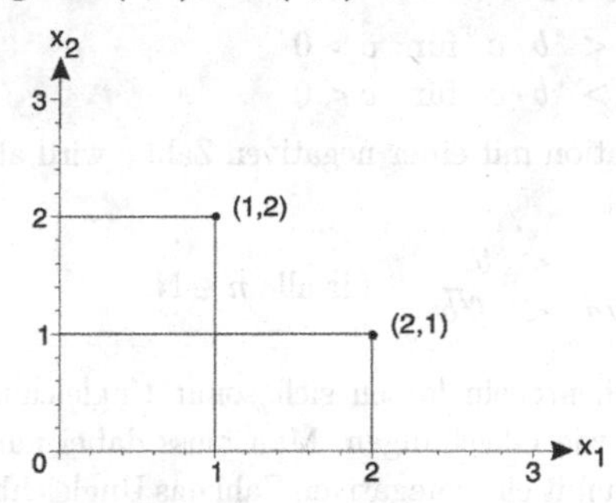

b) $\mathbb{R}^n = \mathbb{R} \times \ldots \times \mathbb{R} = \{(x_1, \ldots, x_n) \mid x_i \in \mathbb{R} \quad \text{für } i = 1, \ldots, n\}$
interpretiert man als den n-dimensionalen Raum.
Die Elemente $(x_1, \ldots, x_n) \in \mathbb{R}^n$ heißen n-**Tupel**.

Beispiele:
Für die Mengen $A = \{a, b\}$, $B = \{1, 2, 3\}$, $C = \{0\}$ gilt:

a) $A \times C \quad = \{(a, 0), (b, 0)\}$,
b) $B \times A \quad = \{(1, a), (2, a), (3, a), (1, b), (2, b), (3, b)\}$,
c) $C \times C \quad = \{(0, 0)\}$,
d) $B \times C \times C = \{(1, 0, 0), (2, 0, 0), (3, 0, 0)\}$.

Auf Produktmengen sind die üblichen Mengenoperationen anwendbar:

a) $\{(1, 2)\} \cup \{(2, 1)\} = \{(1, 2), (2, 1)\}$,
b) $\{(1, 2)\} \cap \{(2, 1)\} = \emptyset$,
c) $\{(1, 2)\} \not\subset \{(2, 1)\}$,
d) $\{(1, 2)\} \setminus \{(2, 1)\} = \{(1, 2)\}$,
e) $\{(1, 2)\} \times \{(2, 1)\} = \{(1, 2, 2, 1)\}$.

3 Ungleichungen und Absolutbeträge

3.1 Ungleichungen

Zur Lösung von Ungleichungen benötigt man die folgenden **Rechenregeln:**

Für alle reellen Zahlen a, b, c gilt:

a. $a < b \Rightarrow a + c < b + c$

b. $a < b \Rightarrow \begin{cases} a \cdot c < b \cdot c & \text{für } c > 0 \\ a \cdot c > b \cdot c & \text{für } c < 0 \end{cases}$

Bei der Multiplikation mit einer negativen Zahl c wird also das Ungleichheitszeichen umgedreht.

c. $0 < a < b \Rightarrow \begin{cases} a^n < b^n \\ \sqrt[n]{a} < \sqrt[n]{b} \end{cases}$ für alle $n \in \mathbb{N}$.

Mit Hilfe dieser Rechenregeln lassen sich somit Ungleichungen im Prinzip auf dieselbe Weise lösen wie Gleichungen. Man muss dabei nur beachten, dass sich bei der Multiplikation mit einer negativen Zahl das Ungleichheitszeichen ändert.

Beispiele:

a) $x + 2 < 3 \Rightarrow (x + 2) - 2 < 3 - 2 \Rightarrow x < 1$

b) $2x < 4 \Rightarrow (2x) \cdot \frac{1}{2} < 4 \cdot \frac{1}{2} \Rightarrow x < 2$ wegen $\frac{1}{2} > 0$

c) $-2x < 4 \Rightarrow (-2x) \cdot \left(-\frac{1}{2}\right) > 4 \cdot \left(-\frac{1}{2}\right) \Rightarrow x > -2$ wegen $-\frac{1}{2} < 0$.

Wird eine Ungleichung mit einem Ausdruck multipliziert, in dem eine allgemeine Zahl x vorkommt, so muss eine Fallunterscheidung getroffen werden. Ist der Ausdruck

positiv, so bleibt das Ungleichheitszeichen erhalten
negativ, so dreht sich das Ungleichheitszeichen um.

Beispiel:

Löse die Ungleichung $\frac{1}{x} < x$:

1. Fall: $x > 0$

$$\frac{1}{x} < x \quad | \cdot x \Rightarrow 1 < x^2 \Rightarrow x^2 > 1 \Rightarrow (x < -1) \vee (x > 1)$$

Als Lösungsmenge ergibt sich hier $\mathbb{L}_1 =]\,1, \infty\,[$, da die Multiplikation nur für den Fall $x > 0$ durchgeführt werden darf.

2. Fall: $x < 0$

$$\frac{1}{x} < x \; | \cdot x \Rightarrow 1 > x^2 \Rightarrow x^2 < 1 \Rightarrow -1 < x < 1$$

Als Lösungsmenge ergibt sich hier $\mathbb{L}_2 =]-1, 0\,[$, da die Multiplikation nur für den Fall $x < 0$ durchgeführt werden darf.

Insgesamt erhält man also die Lösungsmenge: $\mathbb{L} = \mathbb{L}_1 \cup \mathbb{L}_2 =]-1, 0\,[\, \cup \,]\,1, \infty\,[$.

-3 -2 -1 0 1 2 3

Eine Ungleichung mit einem **quadratischen Term** wird am besten dadurch gelöst, dass man sie faktorisiert, d.h. in ein Produkt $a \cdot b$ zerlegt. Es gilt dann nämlich:

$$a \cdot b > 0 \text{ für } (a > 0) \wedge (b > 0) \textbf{ oder } (a < 0) \wedge (b < 0)$$

$$a \cdot b < 0 \text{ für } (a > 0) \wedge (b < 0) \textbf{ oder } (a < 0) \wedge (b > 0)$$

Beispiel:

$$x^2 < x + 2 \Rightarrow x^2 - x - 2 < 0$$

Die quadratische Gleichung $x^2 - x - 2 = 0$ besitzt die Lösungen $x_1 = 2$ und $x_2 = -1$ und man erhält die Zerlegung

$$x^2 - x - 2 = (x - 2) \cdot (x + 1).$$

Wegen $x^2 - x - 2 = (x - 2) \cdot (x + 1) < 0 \Rightarrow$

$$\Rightarrow \begin{cases} (x - 2 > 0) \wedge (x + 1 < 0) \\ (x - 2 < 0) \wedge (x + 1 > 0) \end{cases} \Rightarrow \begin{cases} (x > 2) \wedge (x < -1) & \Rightarrow \quad \emptyset \\ (x < 2) \wedge (x > -1) & \Rightarrow \quad -1 < x < 2 \end{cases}$$

ergibt sich dann die Lösungsmenge $\mathbb{L} =]-1, 2\,[$.

3.2 Absolutbeträge

Der Absolutbetrag einer reellen Zahl a ist definiert gemäß

$$|a| = \begin{cases} a & \text{für } a \geq 0 \\ -a & \text{für } a < 0 \end{cases}.$$

$|a|$ ist also **immer positiv**, auch wenn die Zahl a selbst negativ ist.

Absolutbeträge werden z. B. dazu benützt, um den **Abstand** $|a - b|$ zwischen zwei Zahlen a und b zu beschreiben. Man muss dabei nicht darauf achten, dass $a > b$ ist, um einen positiven Abstand zu erhalten.

Beispiel:
$|5 - 2| = |3| = 3$ und $|2 - 5| = |-3| = 3$.

Für Absolutbeträge gelten die folgenden **Rechenregeln**:

a. $|a|^2 = a^2$
b. $|a \cdot b| = |a| \cdot |b|$ (Multiplikationssatz)

Um eine Betragsfunktion zeichnen zu können, muss man den Absolutbetrag auflösen. Dabei ist natürlich zu unterscheiden, ob der Ausdruck zwischen den Betragszeichen **positiv** oder **negativ** ist.

Beispiel:

$$f(x) = \left|\frac{1}{2}x - 1\right| = \begin{cases} \frac{1}{2}x - 1 & \text{für } x \geq 2 \\ -\frac{1}{2}x + 1 & \text{für } x < 2 \end{cases}$$

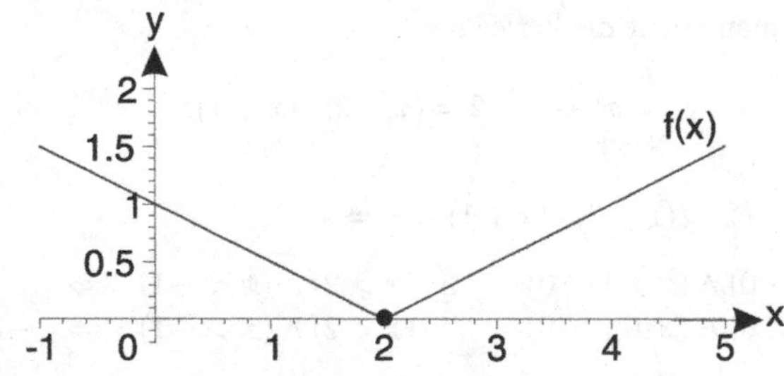

4 Funktionen

4.1 Allgemeine Begriffe

Eine Funktion ist eine Vorschrift f, die **jedem Argument** $x \in D_f$ **genau einen Bildpunkt** $y = f(x) \in \mathbb{R}$ zuordnet:

$$f : D_f \to \mathbb{R}, \;\; x \to y = f(x)$$

Dabei bezeichnet man die Menge der

Argumente x, für die $f(x)$ existiert, als **Definitionsbereich** D_f

Bildpunkte $f(x)$, die die Funktion f annimmt, als **Wertebereich** W_f mit

$$W_f = \{y = f(x) \mid x \in D_f\}.$$

Beispiele:

a) $f(x) = x^2 + 1 \qquad D_f = \mathbb{R} \qquad W_f = [1, \infty[$

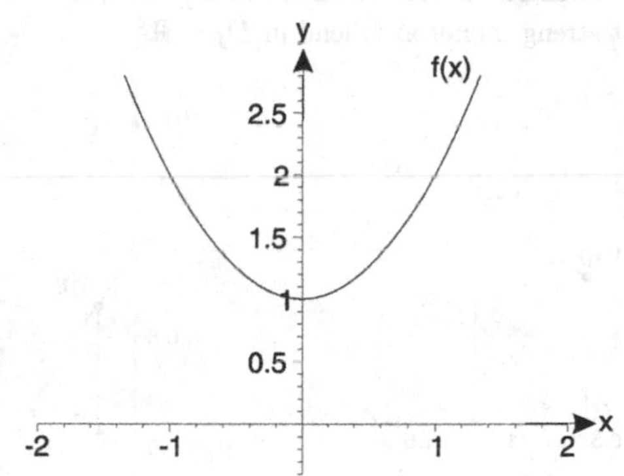

b) $f(x) = \dfrac{1}{x-1}$

$D_f = \mathbb{R} \setminus \{1\}$ (= Bereich auf der $x-$Achse)
$W_f = \mathbb{R} \setminus \{0\}$ (= Bereich auf der $y-$Achse)

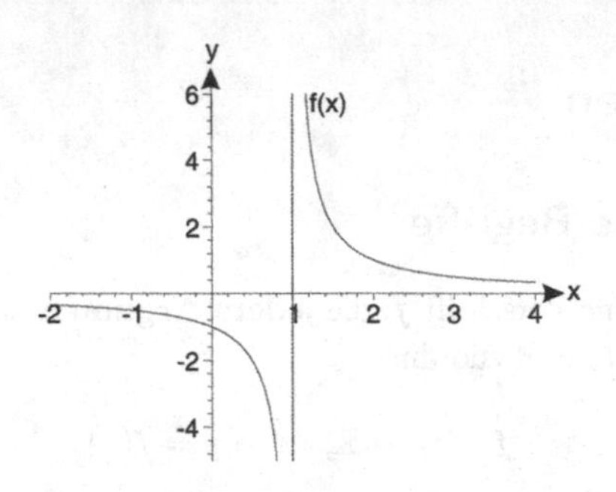

4.2 Monotonieverhalten

Die Funktion $f(x)$ ist in einem Intervall $I \subset \mathbb{R}$

a. streng monoton wachsend, falls gilt: $x_1 < x_2 \Rightarrow f(x_1) < f(x_2)$
b. streng monoton fallend, falls gilt: $x_1 < x_2 \Rightarrow f(x_1) > f(x_2)$
für alle $x_1, x_2 \in I$.

Beispiele:

a) $f(x) = \sqrt{x}$ ist streng monoton wachsend in $D_f = [0, \infty[$
b) $f(x) = e^{-x}$ ist streng monoton fallend in $D_f = \mathbb{R}$

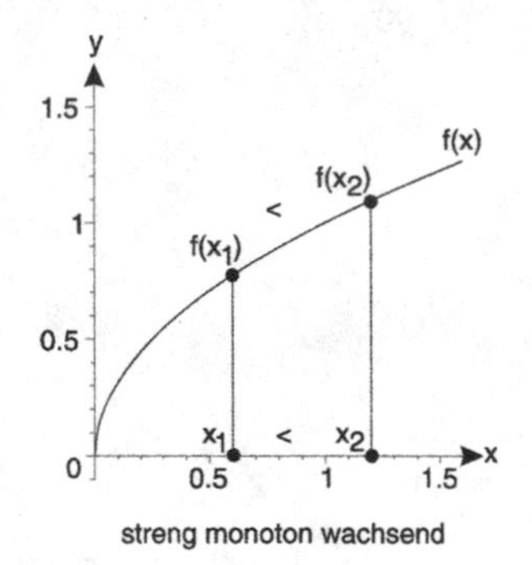

streng monoton wachsend

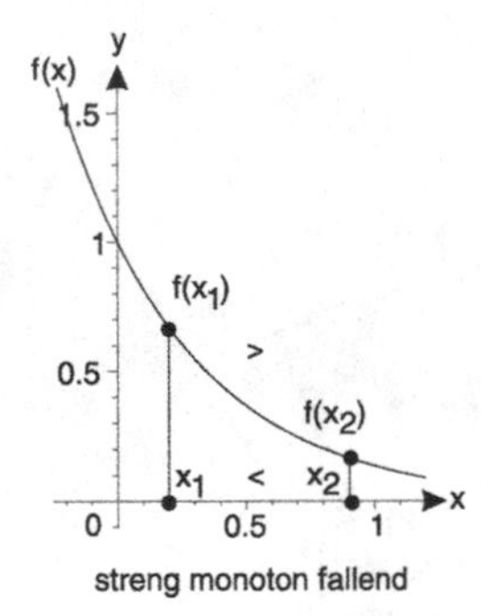

streng monoton fallend

Die Funktion $f(x)$ ist in einem Intervall $I \subset \mathbb{R}$

a. monoton wachsend, falls gilt: $x_1 < x_2 \Rightarrow f(x_1) \leq f(x_2)$
b. monoton fallend, falls gilt: $x_1 < x_2 \Rightarrow f(x_1) \geq f(x_2)$
für alle $x_1, x_2 \in I$.

Wichtige Beispiele für monoton wachsende Funktionen sind etwa die in den folgenden Zeichnungen dargestellten Funktionstypen, die in den Wirtschaftswissenschaften häufig benützt werden:

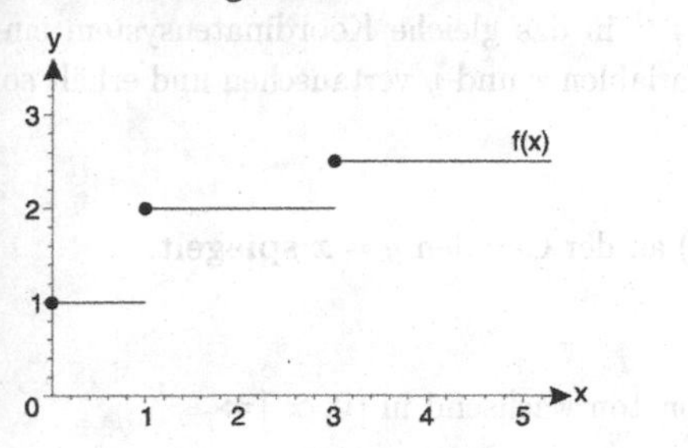

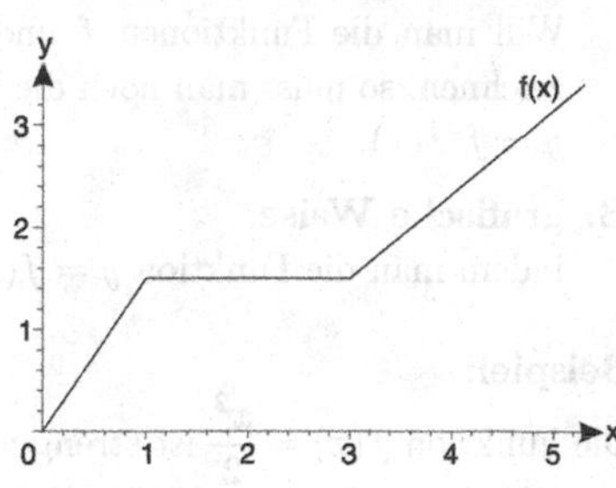

4.3 Krümmungsverhalten

Ist die Funktion $f(x)$ in einem **Intervall** $I \subset D_f$

a. nach unten gekrümmt (= linksgekrümmt), so bezeichnet man sie als **konvex**,
b. nach oben gekrümmt (= rechtsgekrümmt), so bezeichnet man sie als **konkav**.

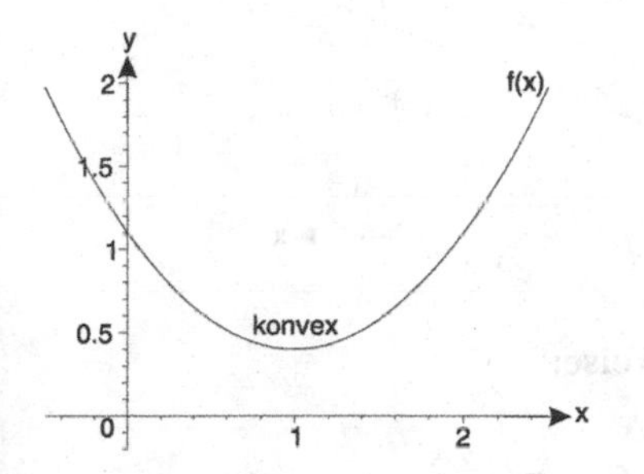

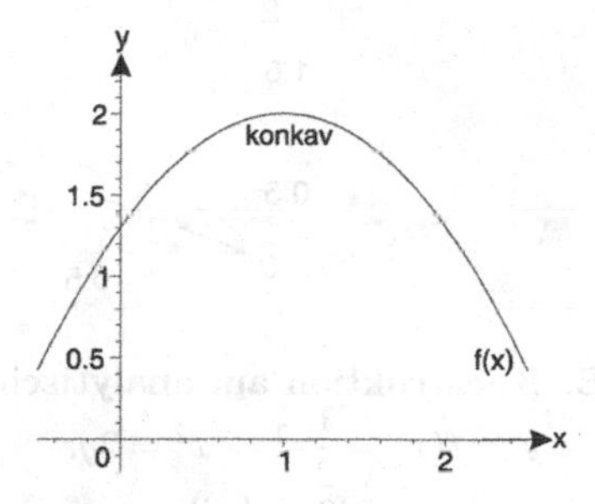

4.4 Umkehrfunktion

Die Umkehrfunktion f^{-1} macht die Zuordnung $x \rightarrow y = f(x)$ rückgängig.

Voraussetzung für die Existenz einer Umkehrfunktion f^{-1}:

f ist **streng monoton wachsend** oder **streng monoton fallend**.

Man erhält die Umkehrfunktion auf

A. analytische Weise,
indem man die Gleichung $y = f(x)$ nach x auflöst (falls möglich!).
Es gilt dann also: $x = f^{-1}(y)$.
Will man die Funktionen f und f^{-1} in das gleiche Koordinatensystem einzeichnen, so muss man noch die Variablen x und y vertauschen und erhält so: $y = f^{-1}(x)$.

B. grafische Weise,
indem man die Funktion $y = f(x)$ an der Geraden $y = x$ **spiegelt.**

Beispiel:

Die Funktion $f(x) = \frac{x^2}{2}$ ist streng monoton wachsend in $[0, \infty[\Rightarrow$
$\Rightarrow f^{-1}(x)$ existiert in $D_f = [0, \infty[$.

A. Konstruktion auf grafische Weise:

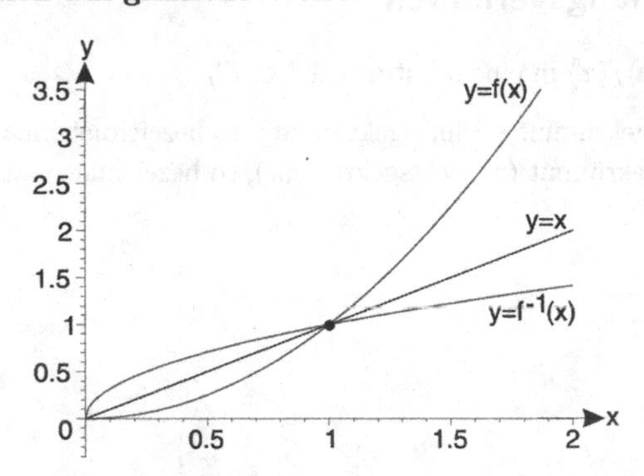

B. Konstruktion auf analytische Weise:
$y = f(x) = \frac{1}{2}x^2 \Rightarrow x^2 = 2y$.
Wegen $x \in [0, \infty[$ gilt: $x = \sqrt{2y} = \sqrt{2} \cdot \sqrt{y}$.
Durch Vertauschen der Variablen x und y erhält man dann:

$$y = f^{-1}(x) = \sqrt{2} \cdot \sqrt{x}.$$

4.5 Zusammengesetzte Funktion

Sind die beiden Funktionen $f(x)$ und $g(x)$ vorgegeben, so erhält man jeweils die zusammengesetzten Funktionen

$g(f(x))$, wenn man $g(x)$ auf $f(x)$ anwendet. Voraussetzung für die Existenz:

$$W_f \subset D_g$$

$f(g(x))$, wenn man $f(x)$ auf $g(x)$ anwendet. Voraussetzung für die Existenz:

$$W_g \subset D_f$$

Beispiele:

a) $f(x) = x - 1, \qquad g(x) = x^2 + 1.$

Wegen $W_f = \mathbb{R} \subset D_g = \mathbb{R}$ existiert die zusammengesetzte Funktion $g(f(x))$, und es gilt: $g(f(x)) = g(x-1) = (x-1)^2 + 1$ mit $D_{g(f(x))} = \mathbb{R}$.

b) $f(x) = x^2 + 1, \qquad g(x) = \sqrt{x}.$

Wegen $W_g = [0, \infty[\subset D_f = \mathbb{R}$ existiert die zusammengesetzte Funktion $f(g(x))$, und es gilt: $f(g(x)) = f(\sqrt{x}) = (\sqrt{x})^2 + 1 = x + 1$ mit $D_{f(g(x))} = [0, \infty[$.

Bemerkung:
Bildet man aus $f(x)$ und $f^{-1}(x)$ die zusammengesetzten Funktionen, so ergibt sich:

$$f^{-1}(f(x)) = x \quad \text{und} \quad f(f^{-1}(x)) = x.$$

Beispiel:

$f(x) = \dfrac{x^2}{2} \Rightarrow f^{-1}(x) = \sqrt{2x}$, und es gilt:

$$f(f^{-1}(x)) = f(\sqrt{2x}) = \frac{(\sqrt{2x})^2}{2} = \frac{2x}{2} = x,$$

$$f^{-1}(f(x)) = f^{-1}\left(\frac{x^2}{2}\right) = \sqrt{2 \cdot \frac{x^2}{2}} = \sqrt{x^2} = x.$$

4.6 Die Gleichung einer Geraden

Eine **Gerade** ist eine Funktion der Form $y = f(x) = a + bx$,

wobei $f(0) = a$ den **Achsenabschnitt** und b die **Steigung** bezeichnet.

Da eine Gerade überall die gleiche Steigung besitzt, ergibt sich für die Gerade durch die Punkte (x_0, y_0) und (x_1, y_1) die Beziehung

$$b = \frac{f(x) - y_0}{x - x_0} = \frac{y_1 - y_0}{x_1 - x_0},$$

wie aus der folgenden Zeichnung ersichtlich ist.

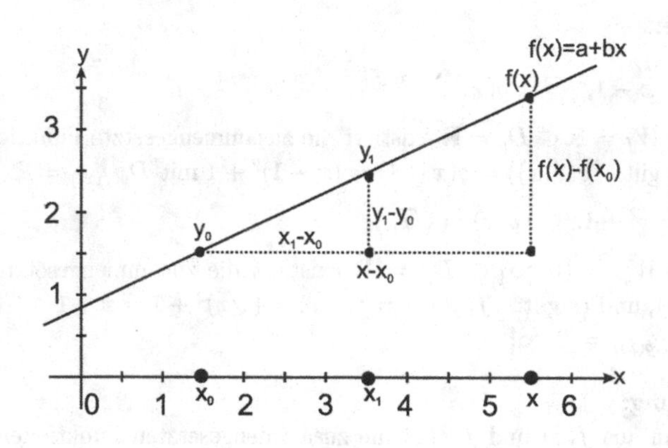

Durch Auflösung dieser Gleichung nach $f(x)$ erhält man dann die folgende Formel für eine **Gerade durch die Punkte** (x_0, y_0) und (x_1, y_1) :

$$f(x) = \frac{y_1 - y_0}{x_1 - x_0} \cdot (x - x_0) + y_0.$$

Beispiele:

a) Die Gerade durch die Punkte $(x_0, y_0) = (2, -2)$ und $(x_1, y_1) = \left(\frac{1}{2}, 0\right)$ besitzt die Gleichung

$$\begin{aligned} f(x) &= \frac{0-(-2)}{\frac{1}{2}-2} \cdot (x-2) + (-2) = \frac{2}{\left(-\frac{3}{2}\right)} \cdot (x-2) - 2 \\ &= -\frac{4}{3}(x-2) - 2 = -\frac{4}{3}x + \frac{2}{3}. \end{aligned}$$

b) Die Gerade durch den Punkt $(x_0, y_0) = (0, -1)$ mit der Steigung $b = 3$ besitzt wegen $b = \dfrac{y_1 - y_0}{x_1 - x_0} = 3$ die Gleichung $f(x) = 3(x - 0) - 1 = 3x - 1$.

5 Grenzwerte von Funktionen

Um eine Funktion $f(x)$ zeichnen zu können, muss man häufig Grenzwerte berechnen. Man unterscheidet dabei zwischen einem

a. Grenzwert im Unendlichen: $\lim_{x\to\infty} f(x)$ bzw. $\lim_{x\to-\infty} f(x)$
Hierbei wird untersucht, wie sich die Funktion $f(x)$ verhält, wenn $x \to \infty$ bzw. $x \to -\infty$ strebt.

b. Grenzwert an der Stelle x_0 :
rechtsseitiger Grenzwert in x_0 : $\lim_{x\to x_0, x>x_0} f(x)$

linksseitiger Grenzwert in x_0 : $\lim_{x\to x_0, x<x_0} f(x)$

Hierbei wird untersucht, wie sich die Funktion $f(x)$ verhält, wenn man sich von rechts bzw. von links der Stelle x_0 nähert.
Falls die rechts- und linksseitigen Grenzwerte existieren und übereinstimmen, spricht man vom **Grenzwert der Funktion** f an der Stelle x_0.

Bemerkung:
Die Berechnung von Grenzwerten soll hier so anschaulich wie möglich erfolgen. Um sich einen schnellen Überblick über das Grenzwertverhalten der Funktion $f(x)$ an der Stelle x_0 zu verschaffen, setzt man einfach die Punkte x_0+ und x_0- in die Funktion ein, wobei

x_0+ geringfügig **größer** ist als x_0,
x_0- geringfügig **kleiner** ist als x_0.

Beim Umgang mit ∞ ist jedoch besondere **Vorsicht** geboten, da ∞ **kein fester Wert**, sondern nur ein **Symbol** für eine **beliebig große Zahl** ist.

Es wird hier deshalb z. B. nicht die Bezeichnung $\lim_{x\to 2, x>2} f(x) = \infty$ sondern $\lim_{x\to 2, x>2} f(x) \to \infty$ verwendet, falls dieser Grenzwert nicht existiert.

Beispiele:

a) Die Funktion $f(x) = \frac{1}{x} - 1$ ist nicht definiert in $x_0 = 0$.
Um diese Funktion zeichnen zu können, berechnet man den

rechtsseitigen Grenzwert in x_0 : $\lim_{x\to 0, x>0} \left(\frac{1}{x} - 1\right) \to \frac{1}{0_+} - 1 \to \infty$, linksseitigen Grenzwert in x_0 : $\lim\limits_{x\to 0, x<0} \left(\frac{1}{x} - 1\right) \to \frac{1}{0_-} - 1 \to -\infty$.

Dabei ist 0_+ geringfügig größer und 0_- geringfügig kleiner als 0.

Ferner erhält man die Grenzwerte

$\lim\limits_{x\to\infty} \left(\frac{1}{x} - 1\right) \to \frac{1}{\infty} - 1 \to 0 - 1 \to -1,$

$\lim\limits_{x\to-\infty} \left(\frac{1}{x} - 1\right) \to \frac{1}{-\infty} - 1 \to 0 - 1 \to -1.$

Unter Benützung dieser Grenzwerte ergibt sich dann sofort die Zeichnung:

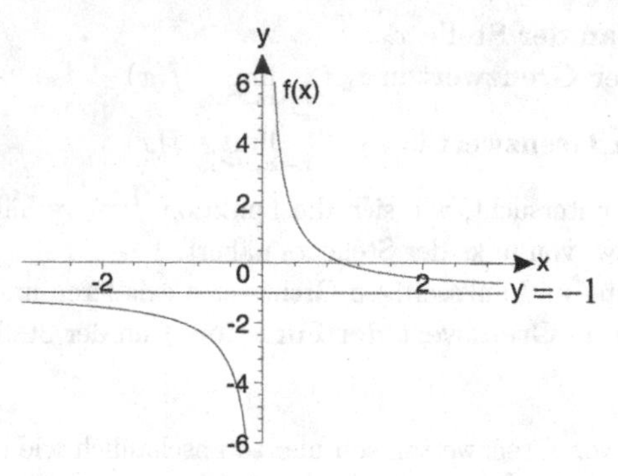

b) Die Funktion $f(x) = \frac{1}{1-x} + 1$ ist nicht definiert in $x_0 = 1$.

Man erhält dort die rechts- und linksseitigen Grenzwerte:

$\lim\limits_{x\to 1, x>1} \left(\frac{1}{1-x} + 1\right) \to \frac{1}{1-1_+} + 1 \to \frac{1}{0_-} + 1 \to -\infty + 1 \to -\infty,$

$\lim\limits_{x\to 1, x<1} \left(\frac{1}{1-x} + 1\right) \to \frac{1}{1-1_-} + 1 \to \frac{1}{0_+} + 1 \to \infty + 1 \to \infty.$

Da nämlich

1_+ geringfügig größer als 1 ist, gilt: $1 - 1_+ \approx 0_-$

1_- geringfügig kleiner als 1 ist, gilt: $1 - 1_- \approx 0_+$.

Ferner erhält man die Grenzwerte

$\lim\limits_{x\to\infty} \left(\frac{1}{1-x} + 1\right) \to \left(\frac{1}{1-\infty} + 1\right) \to \left(\frac{1}{-\infty} + 1\right) \to 0 + 1 \to 1$

$\lim\limits_{x\to-\infty} \left(\frac{1}{1-x} + 1\right) \to \left(\frac{1}{1-(-\infty)} + 1\right) \to \left(\frac{1}{\infty} + 1\right) \to 0 + 1 \to 1.$

und man kann die Funktion $f(x)$ sofort wieder auf einfache Weise zeichnen:

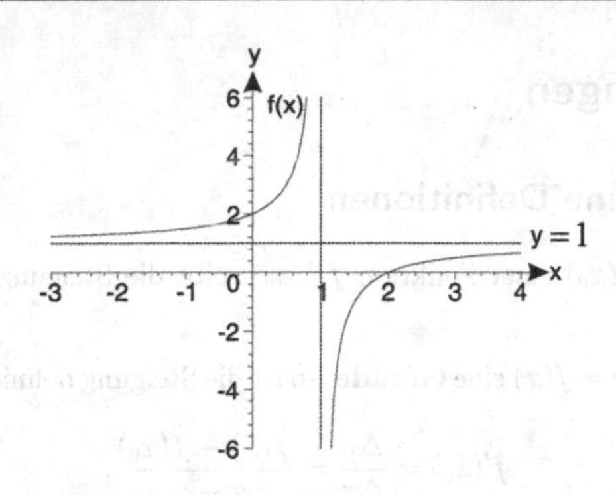

c) Die Funktion $f(x) = \dfrac{x^2+1}{x} = x + \dfrac{1}{x}$ besitzt die Grenzwerte

$\lim\limits_{x\to\infty} f(x) \to \infty \quad \lim\limits_{x\to-\infty} f(x) \to -\infty \quad \lim\limits_{x\to 0, x>0} f(x) \to \infty \quad \lim\limits_{x\to 0, x<0} f(x) \to -\infty$

Wie man weiterhin erkennen kann, gilt: $\dfrac{1}{x} \to 0$ für $x \to \infty$ bzw. $x \to -\infty$; die Funktion nähert sich also **asymptotisch** der Geraden $y = x$.

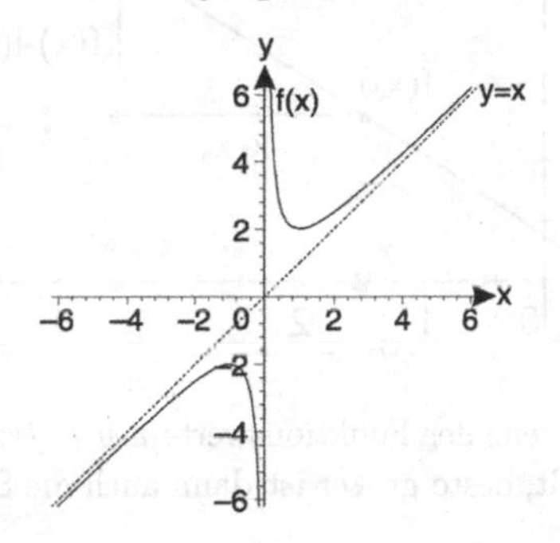

Bemerkung:
Um bei der Berechnung solcher Grenzwerte Ausdrücke der Form $\frac{\infty}{\infty}$ zu vermeiden, ist es sinnvoll, die Brüche zu erweitern. Man multipliziert dazu jeweils Zähler und Nenner mit $\frac{1}{x^b}$, wobei b die **höchste Potenz** von x im **Nenner** bezeichnet.

Beispiel:

$$f(x) = \frac{x^2}{x^2+1} \cdot \frac{\frac{1}{x^2}}{\frac{1}{x^2}} = \frac{1}{1+\frac{1}{x^2}} \to \frac{1}{1+\frac{1}{\infty}} \to \frac{1}{1+0} \to 1 \text{ für } x \to \infty.$$

6 Ableitungen

6.1 Allgemeine Definitionen

Die Ableitung $f'(x_0)$ einer Funktion f beschreibt die Steigung der Funktion an der Stelle x_0.

Ist die Funktion $y = f(x)$ eine **Gerade**, so ist die Steigung definiert als Quotient

$$f'(x_0) = \frac{\Delta y}{\Delta x} = \frac{f(x) - f(x_0)}{x - x_0}.$$

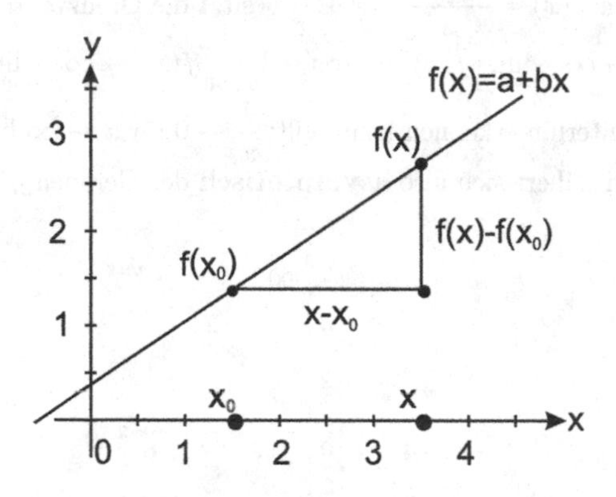

Je größer also die Differenz der Funktionswerte $\Delta y = f(x) - f(x_0)$ im Vergleich zu $\Delta x = x - x_0$ ausfällt, desto größer ist dann auch die Steigung.

Beispiele:

a) Für die Funktion $y = f(x) = a + bx$ ergibt sich in jedem Punkt x_0 die Steigung

$$f'(x_0) = \frac{f(x) - f(x_0)}{x - x_0} = \frac{(a + bx) - (a + bx_0)}{x - x_0} = b \cdot \frac{x - x_0}{x - x_0} = b.$$

b) Für die konstante Funktion $y = f(x) = a$ ist die Differenz der Funktionswerte

$$\Delta y = f(x) - f(x_0) = a - a = 0,$$

und man erhält somit für alle x_0 die Steigung $f'(x_0) = \dfrac{\Delta y}{\Delta x} = 0$.

Ist $y = f(x)$ eine **beliebige Funktion**, so ist die Ableitung $f'(x_0)$ definiert als die Steigung der **Tangente** an die Funktion $f(x)$ an der Stelle x_0. Man erhält die Ableitung als folgenden Grenzwert, den man auch als **Differentialquotient** bezeichnet:

$$f'(x_0) = \lim_{x \to x_0} \frac{f(x) - f(x_0)}{x - x_0} = \lim_{\Delta x \to 0} \frac{\Delta f(x)}{\Delta x} = \frac{dy}{dx}(x_0).$$

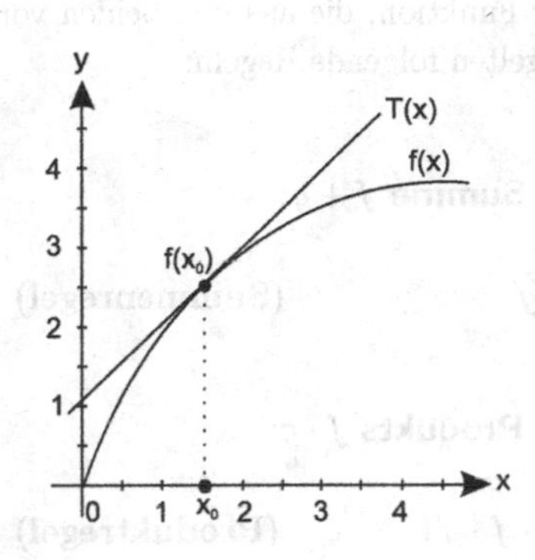

Die Gleichung der **Tangente** an die Funktion f an der Stelle x_0 besitzt die Form

$$T(x) = f(x_0) + f'(x_0) \cdot (x - x_0).$$

Man erhält diese Formel mit Hilfe der in Kapitel 4 hergeleiteten Gleichung für eine Gerade; dabei ist $y_0 = f(x_0)$ und $f'(x_0) = \dfrac{y_1 - y_0}{x_1 - x_0}$.

6.2 Ableitungsregeln

Die Ableitung einer **Potenzfunktion** erhält man für alle $a \in \mathbb{R}$ nach der folgenden einfachen Formel:

$$f(x) = x^a \Rightarrow f'(x) = a \cdot x^{a-1}.$$

Beispiele:

a) $f(x) = 3x^2 - 2x = 3x^2 - 2x^1$,

$f'(x) = 3 \cdot 2 \cdot x^{2-1} - 2 \cdot 1 \cdot x^{1-1} = 6x^1 - 2x^0 = 6x - 2$,

$$f''(x) = 6 \cdot 1 \cdot x^{1-1} - 2 \cdot 0 \cdot x^{0-1} = 6x^0 - 0 = 6,$$
$$f'''(x) = 6 \cdot 0 \cdot x^{0-1} = 0.$$

b) $f(x) = \sqrt{x} = x^{\frac{1}{2}}, \quad f'(x) = \frac{1}{2}x^{\frac{1}{2}-1} = \frac{1}{2} \cdot x^{-\frac{1}{2}} = \frac{1}{2} \cdot \frac{1}{\sqrt{x}},$

$$f''(x) = \frac{1}{2} \cdot (-\frac{1}{2}) \cdot x^{-\frac{1}{2}-1} = -\frac{1}{4} \cdot x^{-\frac{3}{2}} = -\frac{1}{4} \cdot \frac{1}{\sqrt{x^3}}.$$

Für die Ableitung einer Funktion, die aus den beiden vorgegebenen Funktionen f und g gebildet wird, gelten folgende Regeln:

6.2.1 Ableitung der Summe $f + g$:

$$(f + g)' = f' + g' \qquad \textbf{(Summenregel)}$$

6.2.2 Ableitung des Produkts $f \cdot g$:

$$(f \cdot g)' = f' \cdot g + f \cdot g' \qquad \textbf{(Produktregel)}$$

6.2.3 Ableitung des Quotienten $\frac{f}{g}$:

$$\left(\frac{f}{g}\right)' = \frac{f' \cdot g - f \cdot g'}{g^2} \qquad \textbf{(Quotientenregel)}$$

6.2.4 Ableitung der zusammengesetzten Funktion $f(g(x))$:

$$f(g(x))' = f'(g(x)) \cdot g'(x) \qquad \textbf{(Kettenregel)}$$

Beispiele:

a) $f(x) = \frac{1}{x^2} - \frac{1}{x^3} = x^{-2} - x^{-3}$

$$f'(x) = -2x^{-3} - (-3)x^{-4} = -2x^{-3} + 3x^{-4} = x^{-3} \cdot (-2 + 3x^{-1}) =$$
$$= \frac{1}{x^3} \cdot \left(\frac{3}{x} - 2\right) \quad \text{(Summenregel)}$$

b) $f(x) = x^2 \cdot (x^2 - 2)$

$$f'(x) = 2x \cdot (x^2 - 2) + x^2 \cdot 2x = 2x \cdot (x^2 - 2 + x^2) = 2x \cdot (2x^2 - 2) =$$
$$= 4x \cdot (x^2 - 1) \quad \text{(Produktregel)}$$

c) $f(x) = \dfrac{1}{9 - x^2}$

$$f'(x) = \frac{0 \cdot (9 - x^2) - 1 \cdot (-2x)}{(9 - x^2)^2} = \frac{2x}{(9 - x^2)^2} \quad \text{(Quotientenregel)}$$

d) $f(x) = \sqrt{x^2 - 1} = (x^2 - 1)^{\frac{1}{2}}$

$$f'(x) = \frac{1}{2} \cdot (x^2 - 1)^{-\frac{1}{2}} \cdot 2x = \frac{x}{\sqrt{x^2 - 1}} \quad \text{(Kettenregel)}$$

e) $f(x) = \dfrac{x}{(x^2 - 1)^2}$

$$f'(x) = \frac{1 \cdot (x^2 - 1)^2 - x \cdot 2 \cdot (x^2 - 1) \cdot 2x}{(x^2 - 1)^4} = \frac{x^2 - 1}{(x^2 - 1)^4} \cdot (x^2 - 1 - 4x^2) =$$
$$= -\frac{3x^2 + 1}{(x^2 - 1)^3} \quad \text{(Quotientenregel, Kettenregel)}$$

Bei vielen Modellen in der Makro- und Mikroökonomie werden die Funktionen und Variablen mit anderen Buchstaben bezeichnet. Damit sofort ersichtlich ist, nach welcher Variablen jeweils abgeleitet wird, verwendet man oft auch die folgende Schreibweise:

Beispiele:

a) $u(x) = x \cdot p(x)$ (= Umsatzfunktion)

$\dfrac{du}{dx} = p(x) + x \cdot \dfrac{dp}{dx}$ (= Grenzumsatz)

b) $\bar{K}(x) = \dfrac{K(x)}{x}$ (= Durchschnittskostenfunktion)

$\dfrac{d\bar{K}}{dx} = \dfrac{\frac{dK}{dx} \cdot x - K(x)}{x^2}$ (= Grenzdurchschnittskosten)

c) $F(L) = a \cdot L^\alpha$ (= Produktionsfunktion)

$\dfrac{dF}{dL} = a \cdot \alpha \cdot L^{\alpha - 1}$ (= Grenzproduktivität)

7 Exponential- und Logarithmusfunktion

Exponential- und Logarithmusfunktionen sind spezielle Funktionen, die viele wichtige und nützliche Eigenschaften besitzen. Zur Berechnung der Funktionswerte benötigt man in der Regel einen Taschenrechner.

7.1 Exponentialfunktion $y = f(x) = e^{x} = \exp(x)$

Die Exponentialfunktion kann man für jedes Argument x mit Hilfe der unendlichen Reihe

$$e^x = 1 + x + \frac{x^2}{2} + \frac{x^3}{6} + \frac{x^4}{24} + \ldots$$

berechnen, und sie besitzt die folgende Gestalt:

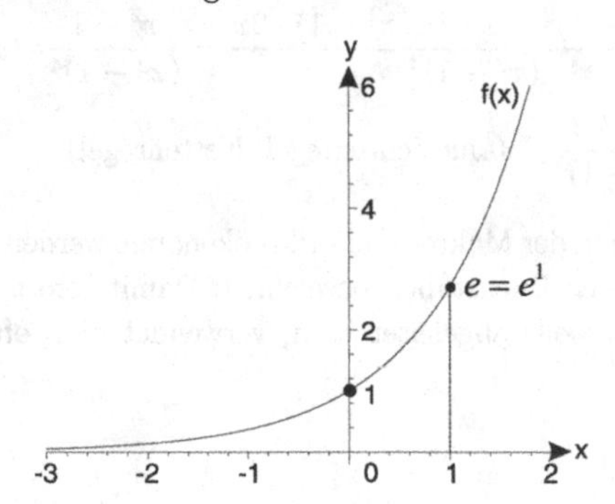

Aus dieser Zeichnung kann man die wichtigsten Eigenschaften von e^x ersehen:

a. Definitionsbereich $D_f = \mathbb{R}$,
b. $e^x > 0$ für alle $x \in \mathbb{R}$,
c. $e^0 = 1$,
d. $e^1 = e = 2,718\ldots$ (= Eulersche Zahl),
e. $y = f(x) = e^x$ ist **streng monoton wachsend** für alle $x \in \mathbb{R}$,
f. $\lim_{x\to\infty} e^x \to \infty$ und $\lim_{x\to-\infty} e^x = 0$.

7.2 Logarithmusfunktion $y = f(x) = \ln x$

Die Logarithmusfunktion $y = \ln x$ ist definiert als die Umkehrfunktion der Exponentialfunktion $y = e^x$. Man erhält also auf grafische Weise:

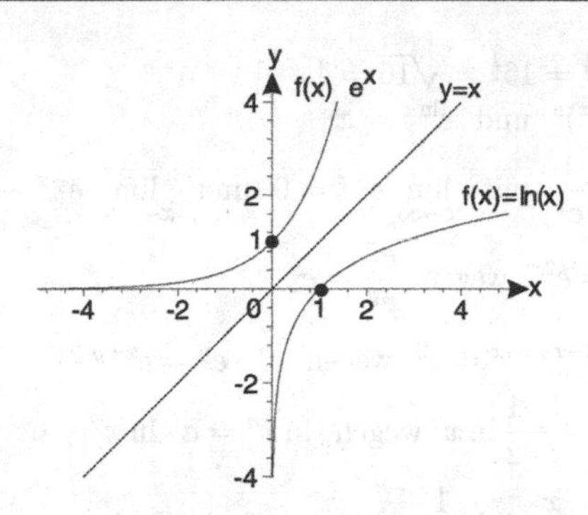

Daraus kann man sofort wieder die wichtigsten Eigenschaften von $\ln x$ ersehen:

a. Definitionsbereich $D_f =]0, \infty[$, d. h. die Logarithmusfunktion ist nur für **positive Argumente** x definiert,

b. $-\infty < \ln x < \infty$, d. h. die Logarithmusfunktion kann sowohl **positive** als auch **negative Funktionswerte** annehmen,

c. $\ln 1 = 0$,

d. $\ln e = 1$,

e. $y = f(x) = \ln x$ ist **streng monoton wachsend**,

f. $\lim\limits_{x\to\infty} \ln x \to \infty$ und $\lim\limits_{x\to 0, x>0} \ln x \to -\infty$.

7.3 Rechenregeln

Für das Umformen von Exponential- und Logarithmusfunktionen gelten die folgenden Regeln:

1. **Exponentialfunktion**

$$e^{x+y} = e^x \cdot e^y \qquad e^{x-y} = \frac{e^x}{e^y}$$

$$e^{ax} = (e^x)^a \qquad e^{\ln x} = x$$

2. **Logarithmusfunktion**

$$\ln(x \cdot y) = \ln x + \ln y \qquad \ln\left(\frac{x}{y}\right) = \ln x - \ln y$$

$$\ln x^a = a \cdot \ln x \qquad \ln e^x = x$$

7.4 Beispiele

Mit Hilfe dieser Regeln lassen sich die folgenden Umformungen durchführen:

a) $e^{\frac{1}{2}\ln 16} = (e^{\ln 16})^{\frac{1}{2}} = 16^{\frac{1}{2}} = \sqrt{16} = 4$
wegen $e^{ax} = (e^x)^a$ und $e^{\ln x} = x$

b) $e^{-x} = (e^x)^{-1} = \frac{1}{e^x}$ mit $\lim\limits_{x\to\infty} e^{-x} = 0$ und $\lim\limits_{x\to-\infty} e^{-x} \to \infty$

c) $\frac{e^x}{e^{-x}} = e^{x-(-x)} = e^{2x}$ wegen $\frac{e^x}{e^y} = e^{x-y}$

d) $e^{1-x} \cdot e^{1+x} = e^{1-x+1+x} = e^2$ wegen $e^x \cdot e^y = e^{x+y}$

e) $\ln\frac{1}{\sqrt{x}} = \ln x^{-\frac{1}{2}} = -\frac{1}{2}\ln x$ wegen $\ln x^a = a \cdot \ln x$

f) $\ln x - \ln 2x = \ln\frac{x}{2x} = \ln\frac{1}{2} = \ln 1 - \ln 2 = -\ln 2$

wegen $\ln x - \ln y = \ln\left(\frac{x}{y}\right)$ und $\ln 1 = 0$

g) $\ln(x-1) + \ln(x+1) = \ln[(x-1)\cdot(x+1)] = \ln(x^2-1)$
wegen $\ln x + \ln y = \ln(x \cdot y)$

h) $\ln(2-x^2) = 0 \Rightarrow e^{\ln(2-x^2)} = e^0 \Rightarrow 2 - x^2 = 1 \Rightarrow x^2 = 1 \Rightarrow$
$\Rightarrow x_1 = 1,\; x_2 = -1$ wegen $e^{\ln x} = x$ und $e^0 = 1$

i) $e^{1-x^2} = 1 \Rightarrow \ln e^{1-x^2} = \ln 1 \Rightarrow 1 - x^2 = 0 \Rightarrow x^2 = 1 \Rightarrow x_1 = 1,\; x_2 = -1$
wegen $\ln e^x = x$ und $\ln 1 = 0$

j) $f(x) = \ln(x+1)$
Die Umkehrfunktion f^{-1} erhält man durch Auflösung nach x auf folgende Weise:

$$y = \ln(x+1) \Rightarrow e^y = e^{\ln(x+1)} = x + 1 \Rightarrow x = e^y - 1.$$

Durch Vertauschen von x und y ergibt sich schließlich: $y = f^{-1}(x) = e^x - 1$.

7.5 Ableitungen

Für die Ableitung der **Exponential-** und **Logarithmusfunktion** gelten schließlich noch die Regeln:

$$\begin{aligned} (e^x)' &= e^x \quad \text{und} & (e^{f(x)})' &= f'(x) \cdot e^{f(x)} \\ (\ln x)' &= \frac{1}{x} \quad \text{und} & (\ln f(x))'(x) &= f'(x) \cdot \frac{1}{f(x)} \end{aligned}$$

Beispiele:

a) $f(x) = x \cdot e^{1-x}$
$f'(x) = 1 \cdot e^{1-x} + x \cdot e^{1-x} \cdot (-1) = e^{1-x} \cdot (1-x)$

b) $f(x) = \dfrac{e^x}{e^x+1}$

$$f'(x) = \frac{e^x \cdot (e^x+1) - e^x \cdot e^x}{(e^x+1)^2} = \frac{e^x}{(e^x+1)^2} \cdot (e^x + 1 - e^x) = \frac{e^x}{(e^x+1)^2}$$

c) $f(x) = \ln(2x-4)$

$$f'(x) = \frac{1}{2x-4} \cdot 2 = \frac{1}{x-2}$$

d) $f(x) = \ln\sqrt{x^2+1} = \ln(x^2+1)^{\frac{1}{2}} = \frac{1}{2}\ln(x^2+1)$

$$f'(x) = \frac{1}{2} \cdot \frac{2x}{x^2+1} = \frac{x}{x^2+1}$$

e) $f(x) = (\ln x)^2$

$$f'(x) = 2 \cdot \ln x \cdot \frac{1}{x} = \frac{2}{x} \cdot \ln x$$

f) $f(x) = \dfrac{x}{\ln x}$

$$f'(x) = \frac{1 \cdot \ln x - x \cdot \frac{1}{x}}{(\ln x)^2} = \frac{\ln x - 1}{(\ln x)^2}.$$

Bei verschiedenen ökonomischen Untersuchungen benötigt man auch noch die **allgemeine Exponentialfunktion** $f(x) = a^x$ für $a > 0$. Diese Funktion unterscheidet sich grundsätzlich von der Potenzfunktion $f(x) = x^a$. Bei $f(x) = a^x$ ist der Exponent eine **Variable**, bei $f(x) = x^a$ eine **Konstante**.

Zur Ableitung von $f(x) = a^x$ kann man deshalb auch nicht die Regel für die Ableitung der Potenzfunktion benützen. Man erhält diese Ableitung stattdessen mit Hilfe der sog. **logarithmischen Ableitung**, die sich wie folgt herleiten lässt:

$$(\ln|f(x)|)' = \frac{f'(x)}{f(x)} \Rightarrow f'(x) = (\ln|f(x)|)' \cdot f(x).$$

Als Ableitung von $f(x) = a^x$ ergibt sich dann:

$$f'(x) = (\ln a^x)' \cdot a^x = (x \cdot \ln a)' \cdot a^x = \ln a \cdot a^x.$$

8 Kurvendiskussion

Bei der Kurvendiskussion untersucht man systematisch die wichtigsten Eigenschaften einer Funktion $f(x)$. Dazu gehören im Einzelnen:

- der **Definitionsbereich** D_f
- die **Nullstellen** x_N mit $f(x_N) = 0$
- der **Wertebereich** W_f
- der **Achsenabschnitt** $y_A = f(0)$
- das **Grenzwertverhalten** der Funktion $f(x)$.

Man berechnet dabei (falls nötig) die Grenzwerte:

a. $\lim\limits_{x \to x_0, x > x_0} f(x) \quad \text{und} \quad \lim\limits_{x \to x_0, x < x_0} f(x)$

für eine Definitionslücke x_0, d. h. man untersucht, wie sich die Funktion rechts und links von x_0 verhält,

b. $\lim\limits_{x \to \infty} f(x) \quad \text{und} \quad \lim\limits_{x \to -\infty} f(x)$,

d.h. man untersucht, wie sich die Funktion verhält, wenn $x \to \infty$ bzw. $x \to -\infty$ strebt.

Mit Hilfe von Ableitungen lässt sich weiterhin das **Monotonie-** und **Krümmungsverhalten** einer Funktion $f(x)$ untersuchen. Außerdem kann man feststellen, an welchen Stellen sie ein **Maximum** bzw. ein **Minimum** oder einen **Wendepunkt** besitzt.

8.1 Monotonieverhalten

Die Funktion $f(x)$ ist im Intervall $I \subset D_f$

- **streng monoton wachsend,** falls gilt: $f'(x) > 0$
- **monoton wachsend,** falls gilt: $f'(x) \geq 0$
- **streng monoton fallend,** falls gilt: $f'(x) < 0$
- **monoton fallend,** falls gilt: $f'(x) \leq 0$

jeweils für alle $x \in I$. Die Definition der Monotonie findet sich in Kapitel 4.

8.2 Krümmungsverhalten

Die Funktion $f(x)$ ist im Intervall $I \subset D_f$

- **konvex** (= linksgekrümmt), falls gilt: $f''(x) > 0$
- **konkav** (= rechtsgekrümmt), falls gilt: $f''(x) < 0$

jeweils für alle $x \in I$. Die Definition der Krümmung findet sich in Kapitel 4.

8.3 Extremwerte

Die Funktion $f(x)$ besitzt an der Stelle x_0 ein

- **lokales Maximum**, falls $f(x_0)$ der **größte** Funktionswert
- **lokales Minimum**, falls $f(x_0)$ der **kleinste** Funktionswert

jeweils in einer hinreichend kleinen **Umgebung** von x_0 ist.

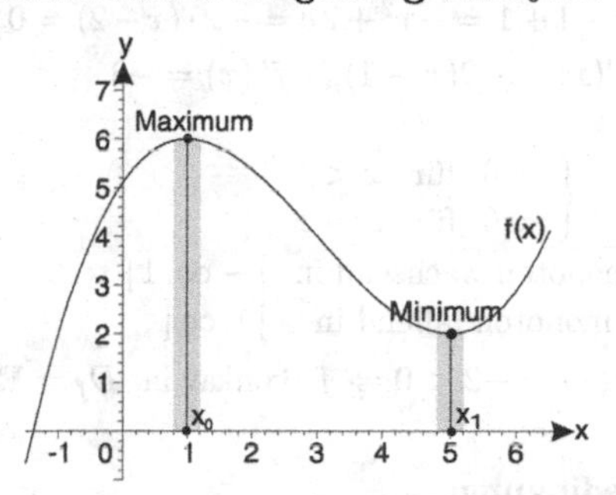

Zur Bestimmung der Extremwerte gibt es dann die folgende einfache Regel:

a. Notwendige Bedingung:
Berechne die Punkte x_S für die gilt: $f'(x_S) = 0$.
An diesen Stellen hat die Funktion $f(x)$ möglicherweise ein lokales Extremum.
Man bezeichnet x_S als **stationären Punkt**.

b. Hinreichende Bedingung:
Um zu entscheiden, ob bei dem stationären Punkt x_S ein Extremum vorliegt, benötigt man die zweite Ableitung $f''(x)$. Die Funktion besitzt dann in x_S ein

- **lokales Maximum**, falls gilt: $f''(x_S) < 0$,
- **lokales Minimum**, falls gilt: $f''(x_S) > 0$.

Diese Regel kann man natürlich nur dann anwenden, wenn die Ableitungen existieren und x_S kein Randpunkt eines Intervalls ist.

8.4 Wendepunkte

Die Funktion $f(x)$ besitzt in x_W einen **Wendepunkt**, falls sich an dieser Stelle das Krümmungsverhalten ändert, d.h. falls z. B. eine konvexe Kurve in eine konkave Kurve übergeht.
Wendepunkte kann man natürlich auch mit Hilfe der zweiten und dritten Ableitungen bestimmen. Es gilt nämlich:

Ist $f''(x_W) = 0$ und $f'''(x_W) \neq 0 \Rightarrow f$ hat in x_W einen Wendepunkt.

8.5 Beispiele

a) $f(x) = -(x-1)^2 + 1$

Nullstellen:
$f(x) = -x^2 + 2x - 1 + 1 = -x^2 + 2x = -x \cdot (x-2) = 0 \Rightarrow x_{N_1} = 0,\ x_{N_2} = 2$

Ableitungen: $f'(x) = -2(x-1), \quad f''(x) = -2$

Monotonie:

$$f'(x) = -2(x-1) \begin{cases} > 0 & \text{für } x < 1 \\ < 0 & \text{für } x > 1 \end{cases}$$

$$\Rightarrow \begin{cases} f & \text{streng monoton wachsend in }]-\infty, 1[\\ f & \text{streng monoton fallend in }]1, \infty[\end{cases}$$

Krümmung: $f''(x) = -2 < 0 \Rightarrow f$ konkav in $D_f = \mathbb{R}$

Extrema:
Notwendige Bedingung:
$f'(x) = -2(x-1) = 0 \Rightarrow x_S = 1$ **stationärer Punkt**
Hinreichende Bedingung:
$f''(1) = -2 < 0 \Rightarrow f$ hat in $x_S = 1,\ y_S = f(1) = 1$ ein lokales **Maximum**.

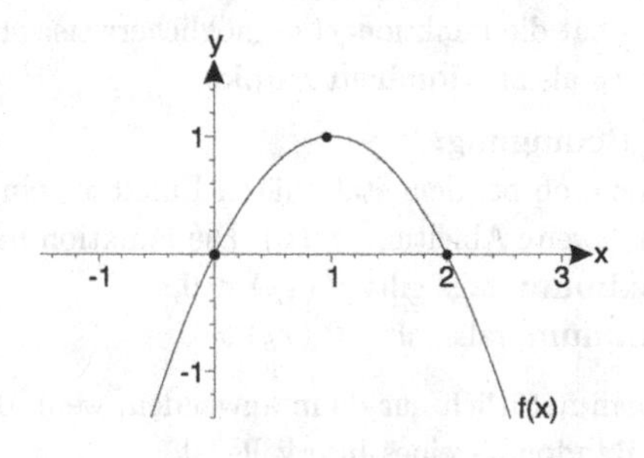

b) $f(x) = \frac{1}{2}(x-4)^3$

Nullstellen: $f(x) = \frac{1}{2}(x-4)^3 = 0 \Rightarrow x_N = 4$

Ableitungen: $f'(x) = \frac{3}{2}(x-4)^2, \quad f''(x) = \frac{3}{2} \cdot 2 \cdot (x-4) = 3(x-4)$

Monotonie:

$f'(x) = \frac{3}{2}(x-4)^2 > 0 \quad$ für alle $x \in \mathbb{R} \setminus \{4\}$.

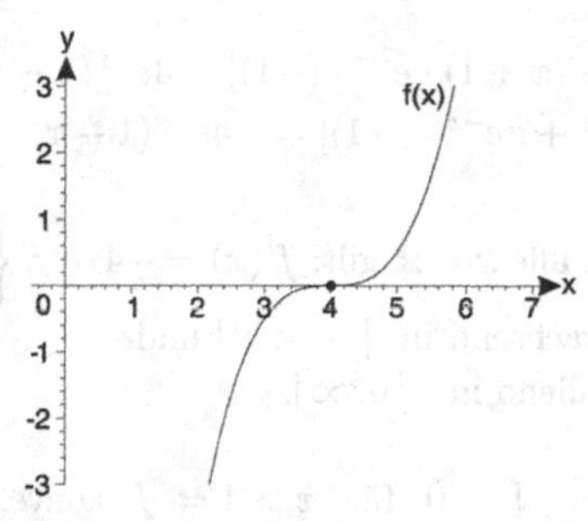

Wenn man die **Definition** der strengen Monotonie aus Kapitel 4 anwendet, kann man sofort erkennen, dass die Funktion $f(x)$ im gesamten Definitionsbereich $D_f = \mathbb{R}$ streng monoton wachsend ist. Will man dagegen die Monotonie mit Hilfe der **Differentialrechnung** untersuchen, so ergibt sich jedoch:

$f'(x) = \frac{3}{2}(x-4)^2 > 0 \Rightarrow f$ streng monoton wachsend in $]-\infty, 4[$ und $]4, \infty[$.

Die Diskrepanz zwischen den beiden Monotoniebereichen lässt sich aber leicht erklären. Es gilt zwar:

$f'(x) > 0$ im Intervall $I \Rightarrow f(x)$ streng monoton wachsend in I.

Die Umkehrung: $f(x)$ streng monoton wachsend in $I \Rightarrow f'(x) > 0$ in I gilt jedoch **nicht** in jedem Fall.

Krümmung: $f''(x) = 3(x-4) \begin{cases} > 0 & \text{für } x > 4 \Rightarrow f \text{ konvex in }]4, \infty[\\ < 0 & \text{für } x < 4 \Rightarrow f \text{ konkav in }]-\infty, 4[. \end{cases}$

Extrema:

$f(x)$ streng monoton wachsend in $\mathbb{R} \Rightarrow$ es existiert kein lokales Extremum.

Wendepunkte:

Das Krümmungsverhalten ändert sich bei $x_W = 4 \Rightarrow$

$\Rightarrow f$ besitzt einen Wendepunkt in $x_W = 4$, $y_W = f(4) = 0$.

Alternativ ergibt sich der Wendepunkt auch mit Hilfe der Ableitungen

$f''(x) = 3(x-4)$ und $f'''(x) = 3$ wegen

$f''(x) = 3(x-4) = 0 \Rightarrow x_W = 4$ und $f'''(4) = 3 \neq 0$.

c) $f(x) = 4(x+1) \cdot e^{-x}$

Nullstellen: $f(x) = 4(x+1) \cdot e^{-x} = 0 \Rightarrow x_N = -1$

Grenzwertverhalten:

$\lim\limits_{x \to -\infty} 4(x+1) \cdot e^{-x} \to -\infty \cdot e^{\infty} \to -\infty \cdot \infty \to -\infty$ und

$\lim\limits_{x \to \infty} 4(x+1) \cdot e^{-x} \to \infty \cdot e^{-\infty} \to 0,$

da gilt: $e^{-x} \to 0$ wesentlich schneller als $x \to \infty$.

Ableitungen:

$f'(x) = 4 \cdot [1 \cdot e^{-x} + (x+1) \cdot e^{-x} \cdot (-1)] = 4e^{-x}(1 - x - 1) = -4xe^{-x}$

$f''(x) = -4 \cdot [1 \cdot e^{-x} + xe^{-x} \cdot (-1)] = -4e^{-x}(1-x)$

Monotonie:

Wegen $e^{-x} > 0$ für alle $x \in \mathbb{R}$ gilt: $f'(x) = -4xe^{-x} \begin{cases} > 0 & \text{für } x < 0 \\ < 0 & \text{für } x > 0 \end{cases} \Rightarrow$

f streng monoton wachsend in $]-\infty, 0[$ und

f streng monoton fallend in $]0, \infty[$.

Krümmung:

$f''(x) = -4e^{-x}(1-x) \begin{cases} > 0 & \text{für } x > 1 \Rightarrow f \text{ konvex in }]1, \infty[\\ < 0 & \text{für } x < 1 \Rightarrow f \text{ konkav in }]-\infty, 1[. \end{cases}$

Extrema:

Notwendige Bedingung:

$f'(x) = -4xe^{-x} = 0 \Rightarrow x_S = 0$ **stationärer Punkt**

Hinreichende Bedingung:

$f''(0) = -4e^0 \cdot 1 = -4 < 0 \Rightarrow$ lokales **Maximum** bei $x_S = 0$, $y_S = f(0) = 4$.

Wendepunkte:

Das Krümmungsverhalten ändert sich bei $x_W = 1 \Rightarrow$

$\Rightarrow f$ besitzt einen **Wendepunkt** in $x_W = 1$, $y_W = f(1) = 4 \cdot 2 \cdot e^{-1} = 2,94$.

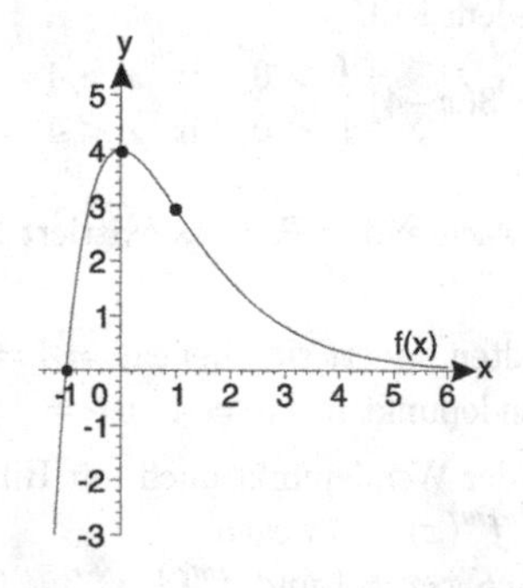

9 Funktionen von zwei Variablen

Eine Funktion von zwei Variablen $f(x, y)$ ist eine Vorschrift f, die jedem Argument $(x, y) \in D_f$ genau einen Funktionswert $z = f(x, y) \in \mathbb{R}$ zuordnet; es gilt also:

$$f : D_f \to \mathbb{R}, \qquad (x, y) \to z = f(x, y).$$

Im Unterschied zu den Funktionen von einer Variablen gilt bei den Funktionen von zwei Variablen für den Definitionsbereich immer

$$D_f \subset \mathbb{R}^2$$

und um die Funktion $z = f(x, y)$ zeichnen zu können, benötigt man ein 3-dimensionales Koordinatensystem:

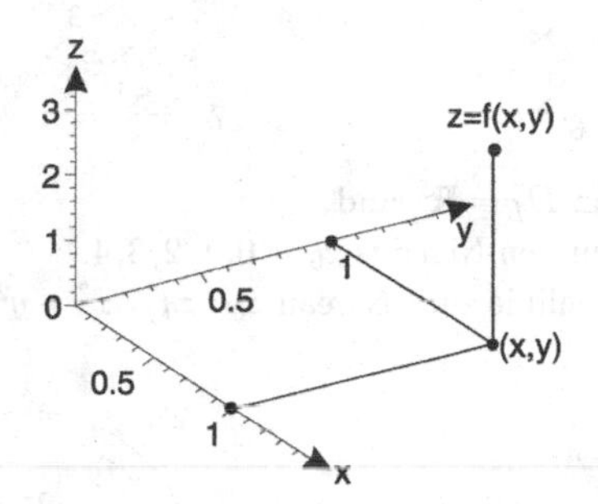

9.1 Höhenlinien (= Indifferenzkurven)

Die Zeichnung einer Funktion $z = f(x, y)$ von zwei Variablen ist ohne Zuhilfenahme eines Grafik-Programms in der Regel sehr schwierig. Um trotzdem einen Überblick über den Verlauf einer solchen Funktion zu bekommen, verfährt man ähnlich wie bei der Erstellung einer Landkarte und zeichnet Höhenlinien.

Auf einer solchen **Höhenlinie** liegen alle Punkte (x, y), die denselben Funktionswert $z_0 = f(x, y)$ besitzen. Geometrisch kann man eine Höhenlinie interpretieren als Schnittkurve, die sich ergibt, wenn man die Funktion beim Niveau z_0 durchschneidet. Berechnet man die Höhenlinien für verschiedene Niveaus $z_0 = f(x, y)$, so kann man daraus Rückschlüsse auf die Gestalt der Funktion ziehen.

Bei der Anwendung auf wirtschaftswissenschaftliche Fragestellungen bezeichnet man Höhenlinien gewöhnlich als **Indifferenzkurven**, **Isoquanten**, **Isokostenlinien** usw.

Beispiele:

a) $f(x,y) = x + 4y$ in $D_f = \{(x,y) \in \mathbb{R}^2 \mid x \geq 0, y \geq 0\}$ und
Höhenlinien an f zu den Niveaus $z_0 = 1, 2, ..., 6$.
Gleichung der Höhenlinie zum Niveau z_0 : $z_0 = x + 4y \Rightarrow y = \dfrac{z_0 - x}{4}$.

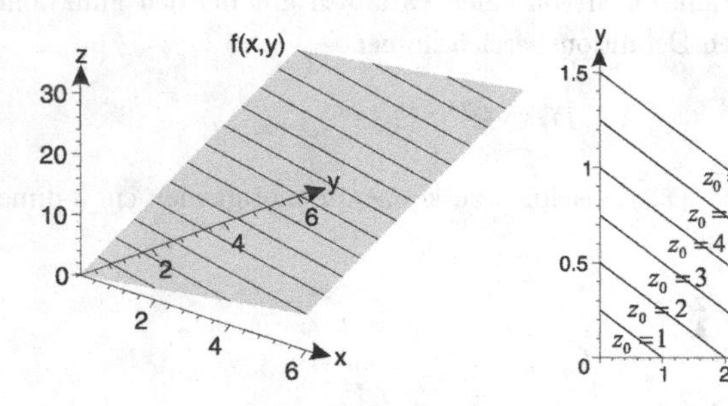

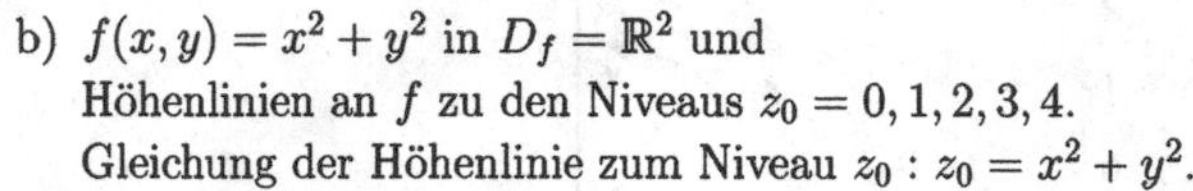

b) $f(x,y) = x^2 + y^2$ in $D_f = \mathbb{R}^2$ und
Höhenlinien an f zu den Niveaus $z_0 = 0, 1, 2, 3, 4$.
Gleichung der Höhenlinie zum Niveau z_0 : $z_0 = x^2 + y^2$.

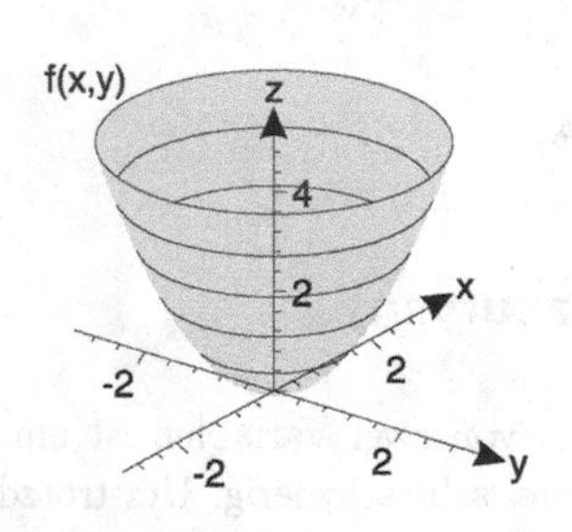

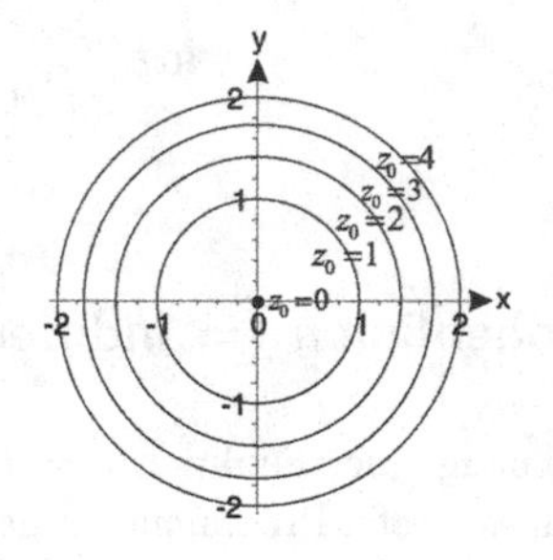

Die Höhenlinien beschreiben jeweils Kreise um den Mittelpunkt $(0,0)$ mit dem Radius $r = \sqrt{z_0}$ und für $z_0 = 0$ ergibt sich der Punkt $(x_0, y_0) = (0,0)$.

c) $f(x,y) = \sqrt{2xy}$ in $D_f = \{(x,y) \in \mathbb{R}^2 \mid x > 0, y > 0\}$ und
Höhenlinien an f zu den Niveaus $z_0 = 1, 2, 3, 4$.
Gleichung der Höhenlinie zum Niveau z_0 :
$z_0 = \sqrt{2xy} \Rightarrow z_0^2 = 2xy \Rightarrow y = \dfrac{z_0^2}{2} \cdot \dfrac{1}{x}$.

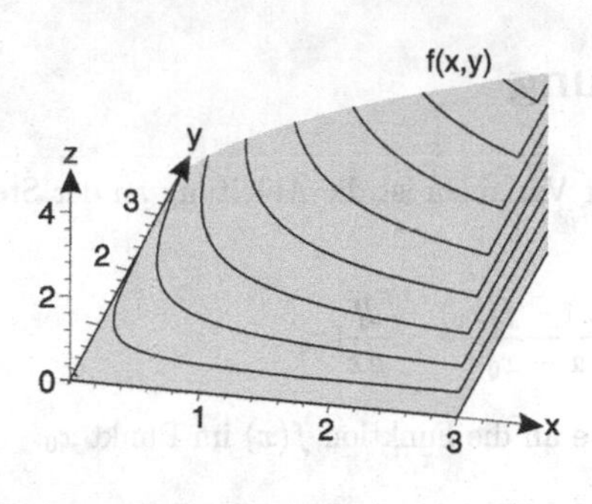

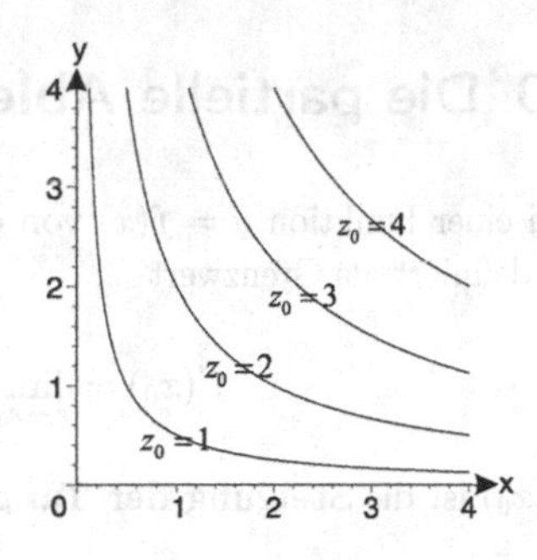

9.2 Homogenität

Die Funktion $f(x,y)$ heißt **homogen vom Grad** r, falls für alle $\lambda > 0$ gilt:

$$f(\lambda x, \lambda y) = \lambda^r \cdot f(x,y).$$

Beispiel:

$$\begin{aligned} f(x,y) &= 2\cdot\sqrt{x\cdot y^3} &&= 2\cdot x^{\frac{1}{2}}\cdot y^{\frac{3}{2}} \\ f(\lambda x,\lambda y) &= 2\cdot(\lambda x)^{\frac{1}{2}}\cdot(\lambda y)^{\frac{3}{2}} &&= 2\cdot\lambda^{\frac{1}{2}}\cdot x^{\frac{1}{2}}\cdot\lambda^{\frac{3}{2}}\cdot y^{\frac{3}{2}} \\ &= 2\cdot\lambda^{\frac{4}{2}}\cdot x^{\frac{1}{2}}\cdot y^{\frac{3}{2}} &&= 2\cdot\lambda^2\cdot\sqrt{x\cdot y^3} \\ &= \lambda^2\cdot f(x,y) \end{aligned}$$

Die Funktion $f(x,y)$ ist also homogen vom Grad $r = 2$.

Ökonomische Interpretation der Homogenität:
Werden bei einer Produktionsfunktion $f(x,y)$ mit dem Homogenitätsgrad $r = 2$ die Faktoreinsatzmengen verdoppelt, so ist $\lambda = 2$ und es gilt:

$$f(2x,2y) = 2^2\cdot f(x,y) = 4\cdot f(x,y).$$

Die **Verdoppelung** der Faktoreinsatzmengen führt also zur **Vervierfachung** des ursprünglichen Outputs.

Ist eine Produktionsfunktion homogen vom Grad r, so sagt man auch, sie besitzt
abnehmende Skalenerträge für $0 < r < 1$,
konstante Skalenerträge für $r = 1$,
zunehmende Skalenerträge für $r > 1$.

10 Die partielle Ableitung

Bei einer Funktion $y = f(x)$ von einer Variablen ist die Ableitung an der Stelle x_0 definiert als Grenzwert

$$f'(x_0) = \lim_{x \to x_0} \frac{f(x) - f(x_0)}{x - x_0} = \frac{df}{dx}(x_0).$$

$f'(x_0)$ ist die **Steigung der Tangente** an die Funktion $f(x)$ im Punkt x_0.

Bei einer Funktion $z = f(x, y)$ von zwei Variablen gibt es dagegen **zwei** sogenannte **partielle Ableitungen:**

a. $f_x(x_0, y_0) = \lim\limits_{x \to x_0} \dfrac{f(x, y_0) - f(x_0, y_0)}{x - x_0} = \dfrac{\partial f}{\partial x}(x_0, y_0)$

beschreibt die **Steigung in Richtung der** x**-Achse** im Punkt (x_0, y_0),

b. $f_y(x_0, y_0) = \lim\limits_{y \to y_0} \dfrac{f(x_0, y) - f(x_0, y_0)}{y - y_0} = \dfrac{\partial f}{\partial y}(x_0, y_0)$

beschreibt die **Steigung in Richtung der** y**-Achse** im Punkt (x_0, y_0).

Man berechnet die **partiellen Ableitungen** mit Hilfe der bekannten Ableitungsregeln. Bei

f_x wird die Funktion f nach x **differenziert** und y als **Konstante** behandelt,
f_y wird die Funktion f nach y **differenziert** und x als **Konstante** behandelt.

Beispiele:
Damit man die Ableitung der folgenden Funktionen besser nachvollziehen kann, sind hier jeweils die Konstanten in Klammern angegeben:

$$\text{a)} \quad f(x,y) = x^3 + xy = \begin{cases} x^3 + (y) \cdot x \Rightarrow f_x = 3x^2 + y \cdot 1 = 3x^2 + y \\ (x^3) + (x) \cdot y \Rightarrow f_y = 0 + x \cdot 1 = x \end{cases}$$

$$\text{b)} \quad f(x,y) = \frac{x}{y} = \begin{cases} \left(\frac{1}{y}\right) \cdot x & \Rightarrow \dfrac{\partial f}{\partial x} = \dfrac{1}{y} \\ (x) \cdot \dfrac{1}{y} = (x) \cdot y^{-1} & \Rightarrow \dfrac{\partial f}{\partial y} = -x \cdot y^{-2} = -\dfrac{x}{y^2} \end{cases}$$

$$\text{c)} \quad f(x,y) = 2x^2\sqrt{y} = \begin{cases} (2\sqrt{y}) \cdot x^2 \Rightarrow f_x = 2\sqrt{y} \cdot 2x = 4x\sqrt{y} \\ (2x^2) \cdot y^{\frac{1}{2}} \Rightarrow f_y = 2x^2 \cdot \dfrac{1}{2} \cdot y^{-\frac{1}{2}} = \dfrac{x^2}{\sqrt{y}} \end{cases}$$

Sind die **partiellen Ableitungen erster Ordnung** f_x und f_y nochmals partiell differenzierbar nach x bzw. y, so erhält man die

partiellen Ableitungen zweiter Ordnung:

$$f_{xx} = \frac{\partial}{\partial x}\left(\frac{\partial f}{\partial x}\right) = \frac{\partial^2 f}{\partial x^2}, \qquad f_{yy} = \frac{\partial}{\partial y}\left(\frac{\partial f}{\partial y}\right) = \frac{\partial^2 f}{\partial y^2},$$

$$f_{xy} = \frac{\partial}{\partial y}\left(\frac{\partial f}{\partial x}\right) = \frac{\partial^2 f}{\partial x \partial y}, \quad f_{yx} = \frac{\partial}{\partial x}\left(\frac{\partial f}{\partial y}\right) = \frac{\partial^2 f}{\partial y \partial x}.$$

Dabei ist $f_{xy} = f_{yx}$, falls diese partiellen Ableitungen stetig sind.

Beispiel: $f(x,y) = x^2 \cdot y^4$

partielle Ableitungen erster Ordnung: $f_x = 2xy^4, \quad f_y = 4x^2y^3$

partielle Ableitungen zweiter Ordnung:

$f_{xx} = 2y^4, \quad f_{yy} = 12x^2y^2, \quad f_{xy} = 8xy^3 = f_{yx} = 8xy^3.$

Ökonomisches Beispiel:

Die Produktionsfunktion $Y = F(K,L)$ beschreibt den Ertrag Y in Abhängigkeit von den Produktionsfaktoren K (= Kapital) und L (= Arbeit) und ist sinnvollerweise nur definiert für $K \geq 0$ und $L \geq 0$. Zur Beschreibung eines solchen Zusammenhangs benützt man häufig die sog. **Cobb-Douglas-Funktionen**

$$F(K,L) = a \cdot K^\alpha \cdot L^\beta \text{ mit } a > 0 \text{ und } \alpha, \beta \geq 0.$$

Diese parametrische Klasse von Funktionen enthält beispielsweise

$F(K,L) = \frac{1}{2} \cdot K \cdot L$ für $a = \frac{1}{2}, \ \alpha = 1, \ \beta = 1$

$F(K,L) = \sqrt{K} \cdot L^2$ für $a = 1, \ \alpha = \frac{1}{2}, \ \beta = 2.$

Die Cobb-Douglas-Funktion $F(K,L)$ ist homogen vom Grad $r = \alpha + \beta$, da gilt:

$$\begin{aligned} F(\lambda K, \lambda L) &= a \cdot (\lambda K)^\alpha \cdot (\lambda L)^\beta &= a \cdot \lambda^\alpha \cdot K^\alpha \cdot \lambda^\beta \cdot L^\beta \\ &= a \cdot \lambda^{\alpha+\beta} \cdot K^\alpha \cdot L^\beta &= \lambda^{\alpha+\beta} \cdot F(K,L). \end{aligned}$$

Als partielle Ableitungen der Funktion $F(K,L) = a \cdot K^\alpha \cdot L^\beta$ ergeben sich:

$$\frac{\partial F}{\partial K} = a \cdot \alpha \cdot K^{\alpha-1} \cdot L^\beta = \frac{\alpha}{K} \cdot a \cdot K^\alpha \cdot L^\beta = \frac{\alpha}{K} \cdot F(K,L),$$

$$\frac{\partial F}{\partial L} = a \cdot K^\alpha \cdot \beta \cdot L^{\beta-1} = \frac{\beta}{L} \cdot a \cdot K^\alpha \cdot L^\beta = \frac{\beta}{L} \cdot F(K,L).$$

11 Totales Differential, Grenzrate der Substitution

11.1 Totales Differential

Ist $y = f(x)$ eine Produktionsfunktion, so möchte man beispielsweise wissen, wie sich eine Erhöhung der Faktoreinsatzmenge x_0 um dx Mengeneinheiten auf den Output y auswirkt. Falls die Funktion $y = f(x)$ und die Erhöhung dx genau bekannt sind, berechnet man die **exakte Funktionsdifferenz** nach der Formel

$$\Delta y = f(x_0 + dx) - f(x_0).$$

Kann man dagegen nur eine Annahme über die Steigung $f'(x_0)$ (= Grenzproduktivität) an der Stelle x_0 treffen – wie das oft in den wirtschaftswissenschaftlichen Anwendungen der Fall ist – so benützt man als **Näherungsformel** für die Funktionsdifferenz Δy das **totale Differential**

$$dy = f'(x_0) \cdot dx.$$

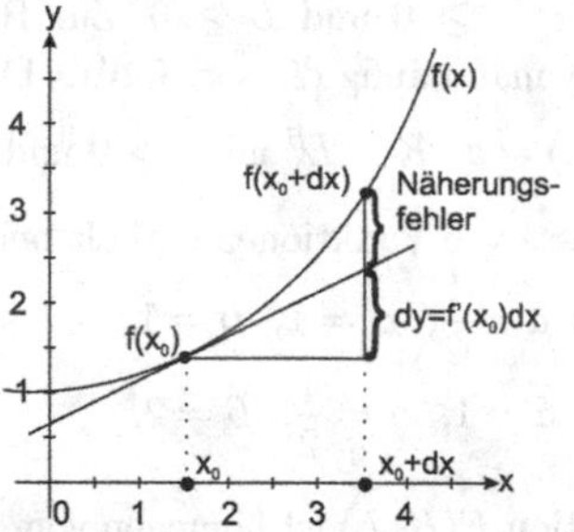

Wie aus der Zeichnung ersichtlich ist, entsteht dabei ein Näherungsfehler, der in der Regel um so geringer ausfällt, je kleiner die Erhöhung dx ist.

Beispiel:
$f(x) = \sqrt{x} = x^{\frac{1}{2}}$
Wegen $f'(x) = \frac{1}{2} \cdot x^{-\frac{1}{2}} = \frac{1}{2} \cdot \frac{1}{\sqrt{x}}$ besitzt das totale Differential die Form

$$dy = f'(x) \cdot dx = \frac{1}{2} \cdot \frac{1}{\sqrt{x}} \cdot dx.$$

Erhöht man die Faktoreinsatzmenge von $x_0 = 4$ um $dx = 1$ Mengeneinheiten, so erhöht sich der Output näherungsweise um

$$dy = f'(x_0) \cdot dx = f'(4) \cdot dx = \frac{1}{2} \cdot \frac{1}{\sqrt{4}} \cdot 1 = \frac{1}{4} = 0,25.$$

Da hier die Funktion $f(x)$ bekannt ist, kann man diese Näherung vergleichen mit der exakten Funktionsdifferenz

$$\Delta y = f(x_0 + dx) - f(x_0) = f(5) - f(4) = \sqrt{5} - \sqrt{4} = 0,236.$$

Werden nun bei einer Funktion von zwei Variablen $z = f(x, y)$ die Variablen

$$x_0 \text{ um } dx \qquad \text{und} \qquad y_0 \text{ um } dy$$

erhöht, so erhält man mit Hilfe des **totalen Differentials**

$$dz = df = f_x \cdot dx + f_y \cdot dy$$

wieder einen **Näherungswert** für die **exakte Funktionsdifferenz**

$$\Delta z = \Delta f = f(x_0 + dx, y_0 + dy) - f(x_0, y_0).$$

Eine solche Näherungsformel mit Hilfe des totalen Differentials benützt man natürlich vor allem dann, wenn nur Annahmen über die partiellen Ableitungen $f_x(x_0, y_0)$ und $f_y(x_0, y_0)$ (= partielle Grenzproduktivitäten) getroffen werden können. Die Näherung wird im Allgemeinen um so besser, je kleiner dx und dy ausfallen.

Beispiel:
$f(x, y) = \sqrt{x \cdot y} = x^{\frac{1}{2}} \cdot y^{\frac{1}{2}}$. Wegen

$$f_x = \frac{1}{2} \cdot \sqrt{y} \cdot x^{-\frac{1}{2}} = \frac{1}{2} \cdot \sqrt{\frac{y}{x}} \qquad \text{und} \qquad f_y = \frac{1}{2} \cdot \sqrt{x} \cdot y^{-\frac{1}{2}} = \frac{1}{2} \cdot \sqrt{\frac{x}{y}}$$

besitzt das totale Differential die Form

$$dz = df = f_x \cdot dx + f_y \cdot dy = \frac{1}{2} \cdot \sqrt{\frac{y}{x}} \cdot dx + \frac{1}{2} \cdot \sqrt{\frac{x}{y}} \cdot dy.$$

Werden im Punkt $(x_0, y_0) = (8, 2)$ die Erhöhungen $dx = 1$ und $dy = 1$ vorgenommen, so erhält man als Näherung für die dadurch hervorgerufene Funktionsänderung den Wert

$$df(x_0, y_0)(dx, dy) = df(8, 2)(1, 1) = \frac{1}{2}\sqrt{\frac{2}{8}} \cdot 1 + \frac{1}{2}\sqrt{\frac{8}{2}} \cdot 1 = \frac{1}{2} \cdot \frac{1}{2} + \frac{1}{2} \cdot 2 = 1,25.$$

Da hier die Funktion $f(x, y)$ bekannt ist, kann man diesen Näherungswert mit der exakten Funktionsdifferenz vergleichen:

$$\begin{aligned}\Delta f &= f(x_0 + dx, y_0 + dy) - f(x_0, y_0) &&= f(8+1, 2+1) - f(8,2)\\ &= f(9,3) - f(8,2) &&= \sqrt{27} - \sqrt{16}\\ &= 5,196 - 4 &&= 1,196.\end{aligned}$$

11.2 Grenzrate der Substitution

Ist $f(x, y)$ eine Produktionsfunktion, so liegen auf der Höhenlinie $f(x, y) = z_0$ alle Kombinationen von Faktoreinsatzmengen (x, y), die den gleichen Output z_0 liefern. Erhöht man also an der Stelle (x_0, y_0) die Faktoreinsatzmenge x_0 um dx, so kann man dafür die Faktoreinsatzmenge y_0 um dy vermindern, ohne dass sich dadurch der Output ändert. Man kann also eine Faktoreinsatzmenge durch eine andere ersetzen, d. h. „**substituieren**".

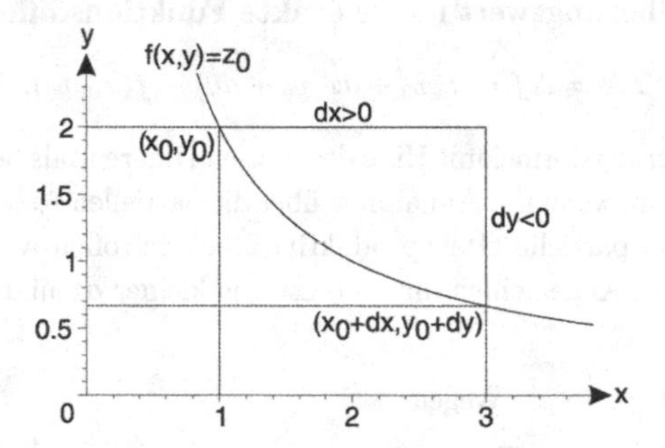

Wegen $f(x_0, y_0) = z_0$ und $f(x_0 + dx, y_0 + dy) = z_0$ ist die Differenz der Funktionswerte $dz = 0$ und mit Hilfe des totalen Differentials erhält man die Formel

$$dz = \frac{\partial f}{\partial x} \cdot dx + \frac{\partial f}{\partial y} \cdot dy = 0.$$

Durch Umformung ergibt sich daraus:

$$\frac{\partial f}{\partial y} \cdot dy = -\frac{\partial f}{\partial x} \cdot dx \Rightarrow \frac{dy}{dx} = -\frac{\frac{\partial f}{\partial x}}{\frac{\partial f}{\partial y}} = -\frac{f_x}{f_y} \quad (f_y \neq 0).$$

$\frac{dy}{dx} = -\frac{f_x}{f_y}$ bezeichnet man auch als **Grenzrate der Substitution (GRS)**

Diese Formel kann man auf folgende Weise interpretieren:

Ist $z = f(x, y)$ eine Produktionsfunktion mit $\frac{dy}{dx} = -2$, so gilt $dy = -2 \cdot dx$.
Man kann also die Faktoreinsatzmenge y_0 näherungsweise um 2 Mengeneinheiten verringern, wenn man die Faktoreinsatzmenge x_0 um eine Mengeneinheit erhöht, ohne dass sich der Output z_0 verändert.

Bei verschiedenen ökonomischen Untersuchungen benötigt man die **Steigung der Höhenlinie** $f(x, y) = z_0$ an einem Punkt (x_0, y_0), der natürlich auf der Höhenlinie liegen muss. Diese Steigung erhält man auf einfache Weise mit Hilfe der Grenzrate der Substitution. Betrachtet man nämlich $y(x)$ als Funktion von x, so kann man schreiben: $f(x, y) = f(x, y(x)) = z_0$.

Die Ableitung der Funktion $y(x)$ erhält man nach der Formel $y'(x) = \frac{dy}{dx} = -\frac{f_x}{f_y}$

und $\frac{dy}{dx}(x_0, y_0)$ ist die Steigung der Höhenlinie an der Stelle (x_0, y_0).

Beispiel:
Die Höhenlinie zum Niveau $z_0 = 2$ an die Produktionsfunktion $f(x, y) = xy$ besitzt die Gleichung $f(x, y(x)) - 2 = 0$.

Auf dieser Höhenlinie liegt der Punkt $(x_0, y_0) = (2, 1)$ und die Steigung der Höhenlinie an dieser Stelle kann man mit Hilfe der Grenzrate der Substitution berechnen:

$$\frac{dy}{dx} = -\frac{f_x}{f_y} = -\frac{y}{x} \Rightarrow \frac{dy}{dx}(2, 1) = -\frac{1}{2}.$$

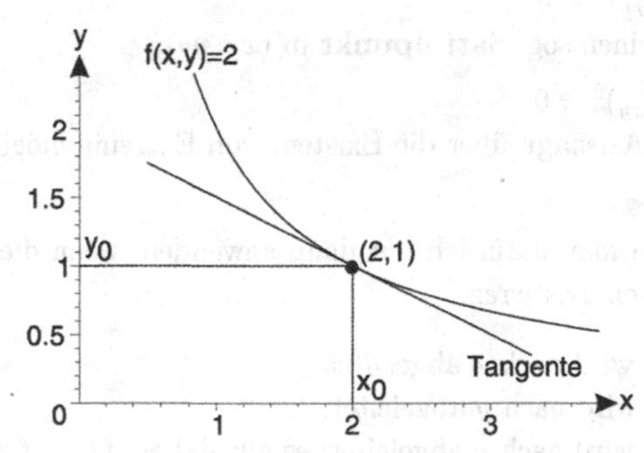

12 Extrema mit und ohne Nebenbedingungen

12.1 Extrema ohne Nebenbedingungen

Zur Bestimmung der **lokalen Extrema** einer Funktion $f(x, y)$ gibt es ähnlich wie bei einer Funktion von einer Variablen wieder eine notwendige und eine hinreichende Bedingung:

Notwendige Bedingung
Bestimme alle Lösungen (x_S, y_S), die folgende Gleichungen erfüllen:

$$f_x = 0,$$
$$f_y = 0.$$

An einer solchen Stelle besitzt die Funktion möglicherweise ein lokales Extremum. Man bezeichnet (x_S, y_S) als **stationären Punkt.**

Hinreichende Bedingung
Um zu entscheiden, ob ein lokales Maximum, lokales Minimum oder ein Sattelpunkt vorliegt, setzt man den stationären Punkt (x_S, y_S) in die partiellen Ableitungen zweiter Ordnung f_{xx}, f_{yy} und f_{xy} ein. Gilt dann:

a. $f_{xx} > 0, \quad f_{yy} > 0, \quad f_{xx} \cdot f_{yy} - (f_{xy})^2 > 0,$
so besitzt f ein **lokales Minimum** in (x_S, y_S),

b. $f_{xx} < 0, \quad f_{yy} < 0, \quad f_{xx} \cdot f_{yy} - (f_{xy})^2 > 0,$
so besitzt f ein **lokales Maximum** in (x_S, y_S),

c. $f_{xx} \cdot f_{yy} - (f_{xy})^2 < 0,$
so besitzt f einen sog. **Sattelpunkt** in (x_S, y_S),

d. $f_{xx} \cdot f_{yy} - (f_{xy})^2 = 0,$
so ist **keine Aussage** über die Existenz von Extrema möglich.

Bemerkung:
Diese Regel kann man natürlich nur dann anwenden, wenn die betreffenden partiellen Ableitungen existieren.

f_{xx} bedeutet: f_x wird nach x abgeleitet,
f_{yy} bedeutet: f_y wird nach y abgeleitet,
f_{xy} bedeutet: f_x wird nach y abgeleitet; es gilt dabei: $f_{xy} = f_{yx}$.

Beispiele:

a) $f(x,y) = x^2 + xy + y^2$

Notwendige Bedingung:

$$\left.\begin{array}{l} f_x = 2x + y = 0 \Rightarrow y = -2x \\ f_y = x + 2y = 0 \Rightarrow y = -\dfrac{x}{2} \end{array}\right\} \Rightarrow 2x = \frac{x}{2} \Rightarrow \frac{3}{2}x = 0 \Rightarrow$$

$\Rightarrow x_S = 0,\ y_S = 0$ **stationärer Punkt.**

Hinreichende Bedingung:

$$\left.\begin{array}{l} f_{xx} = 2 > 0, \quad f_{yy} = 2 > 0, \quad f_{xy} = f_{yx} = 1 \\ f_{xx} \cdot f_{yy} - (f_{xy})^2 = 2 \cdot 2 - 1 = 3 > 0 \end{array}\right\} \Rightarrow$$

$\Rightarrow f$ besitzt in $(x_S, y_S) = (0,0)$ ein lokales **Minimum.**

Die Höhenlinien bilden hier Ellipsen um den Mittelpunkt $(x_S, y_S) = (0,0)$. Man kann daraus erkennen, dass im Niveau $z_0 = 0$ der kleinste Funktionswert vorliegt, also ein Minimum.

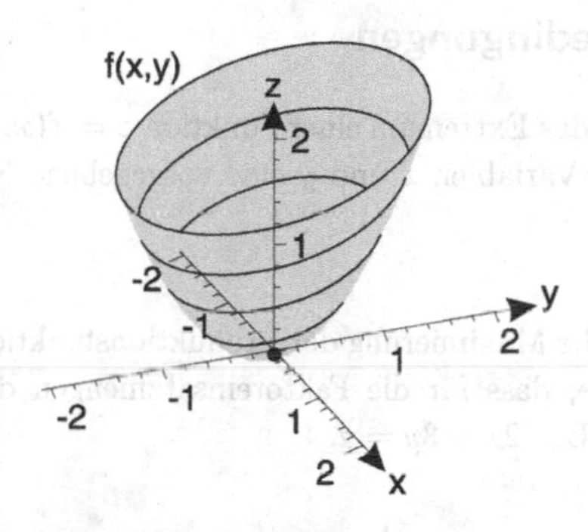

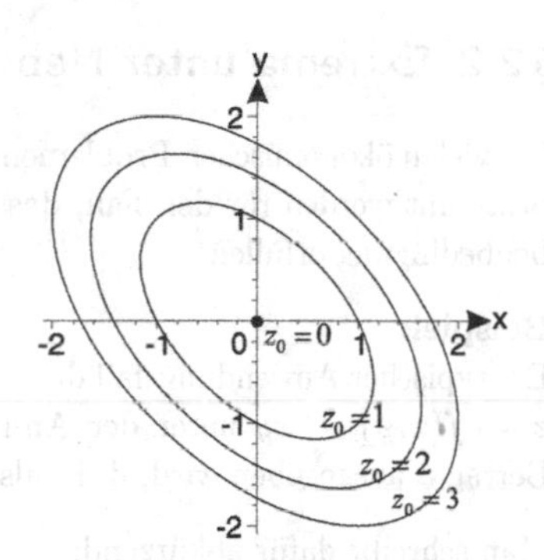

b) $f(x,y) = x^2 - y^2 - 4x + 2y + 4$

Notwendige Bedingung:

$$\left.\begin{array}{l} f_x = 2x - 4 = 0 \Rightarrow x = 2 \\ f_y = -2y + 2 = 0 \Rightarrow y = 1 \end{array}\right\} \Rightarrow$$

$\Rightarrow x_S = 2,\ y_S = 1$ **stationärer Punkt**

Hinreichende Bedingung:

$$\left.\begin{array}{l} f_{xx} = 2 > 0, \quad f_{yy} = -2 < 0, \quad f_{xy} = f_{yx} = 0 \\ f_{xx} \cdot f_{yy} - (f_{xy})^2 = 2 \cdot (-2) - 0 = -4 < 0 \end{array}\right\} \Rightarrow$$

$\Rightarrow f$ besitzt in $(x_S, y_S) = (2,1)$ einen **Sattelpunkt.**

Die Höhenlinien bilden hier Hyperbeln, und man kann aus der Zeichnung der Funktion $f(x, y)$ erkennen, dass im Punkt $(x_S, y_S) = (2, 1)$ ein Sattelpunkt vorliegt.

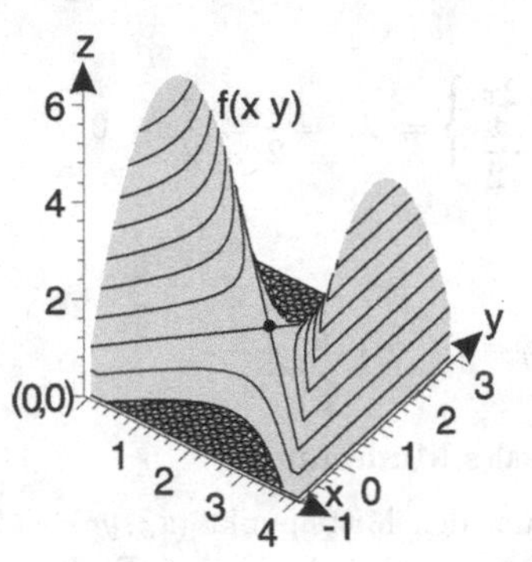

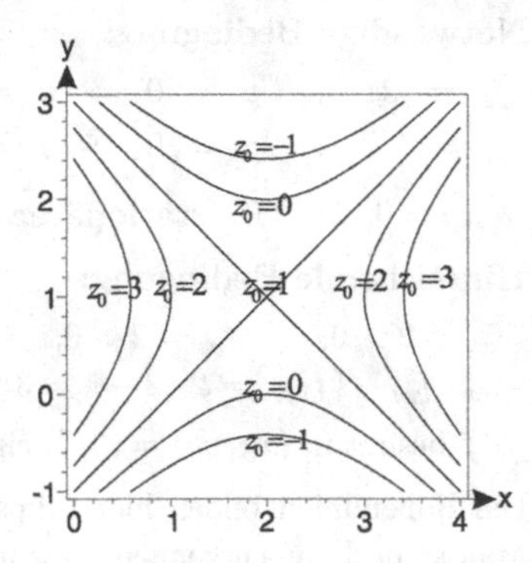

12.2 Extrema unter Nebenbedingungen

Bei vielen ökonomischen Problemen soll das Extremum einer Funktion $z = f(x, y)$ bestimmt werden für den Fall, dass die Variablen x und y eine vorgegebene Nebenbedingung erfüllen.

Beispiel:
Ein typischer Anwendungsfall dafür ist die Maximierung der Produktionsfunktion $z = f(x, y) = xy$ unter der Annahme, dass für die Faktoreinsatzmengen der Betrag a ausgegeben wird, d. h. also z. B.: $2x + 3y = a$.

Man schreibt dafür abkürzend:
$z = f(x, y) \to \max$ unter der Nebenbedingung $2x + 3y - a = 0$.

Lagrange-Methode:
Um das allgemeine Optimierungsproblem

$$z = f(x, y) \to \max \quad \text{bzw.} \quad z = f(x, y) \to \min$$

unter der Nebenbedingung $g(x, y) = 0$

zu lösen, bildet man die **Lagrange-Funktion** $L(x, y, \lambda) = f(x, y) + \lambda \cdot g(x, y)$.

Man erhält dann gemäß der notwendigen Bedingung die Extrema (x_0, y_0) als Lösungen des Gleichungssystems:

$$\begin{aligned} L_x &= f_x + \lambda \cdot g_x = 0 \quad (I) \\ L_y &= f_y + \lambda \cdot g_y = 0 \quad (II) \\ L_\lambda &= g(x,y) = 0 \quad (III) \end{aligned}$$

Es ist **unbedingt notwendig**, die Nebenbedingung in der Form $g(x, y) = 0$ zu schreiben. Durch die Gleichung $L_\lambda = g(x, y) = 0$ ist dann garantiert, dass man nur Lösungen erhält, die die Nebenbedingung auch erfüllen.

Bemerkung:
Dieses Gleichungssystem kann man in vielen Fällen am besten lösen, indem man die Gleichungen (I) und (II) jeweils nach λ auflöst. Daraus erhält man dann eine Gleichung für x bzw. y, die in die Nebenbedingung (III) eingesetzt wird.

Beispiele:

a) Gegeben ist die Produktionsfunktion $f(x, y) = xy$
und die Budgetrestriktion $x + y = a$ mit $a > 0 \Rightarrow g(x, y) = x + y - a = 0$.
Lagrange-Funktion: $L(x, y, \lambda) = xy + \lambda \cdot (x + y - a)$.
Notwendige Bedingung:

$$\begin{aligned} L_x &= y + \lambda = 0 \Rightarrow \lambda = -y \quad (I) \\ L_y &= x + \lambda = 0 \Rightarrow \lambda = -x \quad (II) \\ L_\lambda &= x + y - a = 0 \quad (III) \end{aligned}$$

Wegen $(I) = (II)$ gilt also: $x = y$.
Setzt man $x = y$ in $L_\lambda = 0$ ein, so erhält man:
$x + x = a \Rightarrow 2x = a \Rightarrow x_0 = \frac{a}{2}$, $y_0 = \frac{a}{2}$.
Die Funktion besitzt also möglicherweise ein Extremum in $(x_0, y_0) = \left(\frac{a}{2}, \frac{a}{2}\right)$, wenn für jeden der beiden Produktionsfaktoren die Hälfte des Budgets a ausgegeben wird.
Man kann hier die Lösung auch mit Hilfe der sog. **Substitutionsmethode** bestimmen, indem man die NB $x + y = a$ nach $y = a - x$ auflöst und in die Funktion $f(x, y) = xy$ einsetzt. Auf diese Weise reduziert man das Problem auf die Bestimmung der Extrema für die Funktion $f(x) = x \cdot (a - x) = ax - x^2$:
$f'(x) = a - 2x = 0 \Rightarrow x_0 = \frac{a}{2}$.
$f''(x) = -2$ und $f''\left(\frac{a}{2}\right) = -2 < 0 \Rightarrow$ lokales Maximum in $(x_1, y_1) = \left(\frac{a}{2}, \frac{a}{2}\right)$.
Aus der Zeichnung lässt sich erkennen, dass die Funktion $f(x, y) = x \cdot y$ eine Sattelfläche und die Nebenbedingung $g(x, y) = x + y - a = 0$ eine Ebene darstellen und im Punkt (x_0, y_0) ein Maximum vorliegt.

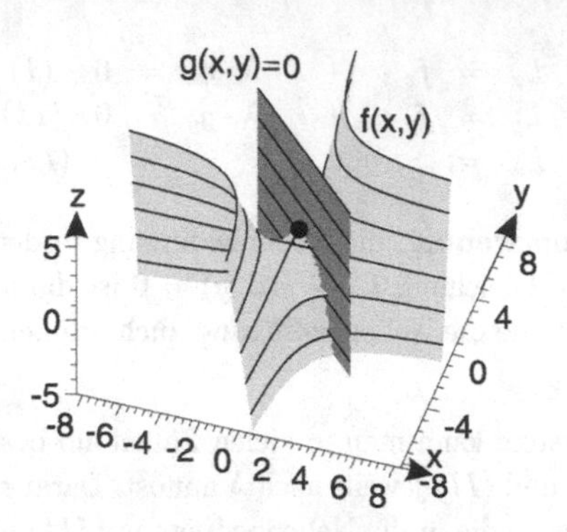

b) Gegeben ist die Nachfragefunktion $f(x, y) = x^2y$
und die Budgetrestriktion $2x + y = 10 \Rightarrow g(x, y) = 2x + y - 10 = 0$.

Lagrange-Funktion: $L(x, y, \lambda) = x^2y + \lambda \cdot (2x + y - 10)$
Notwendige Bedingung:

$$\begin{array}{lllll} L_x = 2xy + 2\lambda & = 0 & \Rightarrow \lambda = & -xy & (I) \\ L_y = x^2 + \lambda & = 0 & \Rightarrow \lambda = & -x^2 & (II) \\ L_\lambda = 2x + y - 10 & = 0 & & & (III) \end{array}$$

Wegen $(I) = (II)$ gilt also:
$xy = x^2 \Rightarrow xy - x^2 = x \cdot (y - x) = 0 \Rightarrow x = 0,\ y = x.$

Diese Lösungen kann man in (III) einsetzen und erhält so:
$x = 0 \Rightarrow y = 10$ und $y = x \Rightarrow 2x + x = 3x = 10 \Rightarrow x = \frac{10}{3},\ y = \frac{10}{3}.$

Mögliche Extrema: $(x_0, y_0) = (0, 10)$ und $(x_1, y_1) = \left(\frac{10}{3}, \frac{10}{3}\right)$.

Auch bei diesem Beispiel kann man wieder die Substitutionsmethode anwenden, indem man die NB $2x + y = 10$ nach $y = 10 - 2x$ auflöst und in die Funktion $f(x, y) = x^2y$ einsetzt. Das Problem reduziert sich somit auf die Bestimmung der Extrema für die Funktion $f(x) = x^2 \cdot (10 - 2x) = 10x^2 - 2x^3$:
$f'(x) = 20x - 6x^2 = x \cdot (20 - 6x) = 0 \Rightarrow x_0 = 0,\ x_1 = \frac{10}{3}.$

Setzt man diese stationären Punkte in $f''(x) = 20 - 12x$ ein, so ergibt sich:

$$\begin{array}{lll} f''(0) & = & 20 > 0 \Rightarrow \text{lokales Minimum in } (x_0, y_0) = (0, 10) \\ f''\left(\frac{10}{3}\right) & = & -20 < 0 \Rightarrow \text{lokales Maximum in } (x_1, y_1) = \left(\frac{10}{3}, \frac{10}{3}\right). \end{array}$$

Weiterführende Literatur zur Lagrange-Methode findet sich in [2], [6] und [7].

13 Integrale

13.1 Unbestimmtes Integral

Die Integration einer Funktion $f(x)$ ist die Umkehroperation zur Differentiation dieser Funktion.

Während man in der **Differentialrechnung** die Ableitung $f'(x)$ einer Funktion $f(x)$ ermittelt, bestimmt man umgekehrt in der **Integralrechnung** eine Funktion $F(x)$, die die Ableitung $f(x)$ besitzt.

Eine solche Funktion $F(x)$, für die gilt

$$F'(x) = f(x),$$

heisst eine **Stammfunktion** zu $f(x)$, und für das **unbestimmte Integral** benützt man die Bezeichnung

$$\int f(x)\,dx = F(x) + c,$$

wobei $c \in \mathbb{R}$ eine beliebige Konstante ist, die hier im Folgenden weggelassen wird, um die Schreibweise zu vereinfachen.

Zur Berechnung der Stammfunktion für einige wichtige Funktionstypen gibt es folgende Formeln:

a. $\int x^a\,dx = \dfrac{x^{a+1}}{a+1}$ für $a \neq -1$

b. $\int x^{-1}\,dx = \displaystyle\int \frac{1}{x}\,dx = \ln x$ für $x > 0$

c. $\int e^x\,dx = e^x$

d. $\int e^{ax}\,dx = \dfrac{1}{a} \cdot e^{ax}$ für $a \neq 0$

e. $\displaystyle\int \frac{f'(x)}{f(x)}\,dx = \ln|f(x)|$

f. $\int f'(x) \cdot e^{f(x)}\,dx = e^{f(x)}$.

Beispiele:

a) $\displaystyle\int \frac{1}{x^2}\,dx = \int x^{-2}\,dx = \frac{x^{-2+1}}{-2+1} = -x^{-1} = -\frac{1}{x}$ (nach Formel **a.**)

Kontrolle: $\left(-\dfrac{1}{x}\right)' = (-x^{-1})' = -(-1) \cdot x^{-2} = \dfrac{1}{x^2}$

b) $\int \frac{2}{x}\,dx = 2\ln x$ (nach Formel **b.**)

Kontrolle: $(2\ln x)' = \frac{2}{x}$

c) $\int \frac{4x}{x^2+1}\,dx = 2\cdot\ln(x^2+1)$ (nach Formel **e.**)

Kontrolle: $\left(2\cdot\ln(x^2+1)\right)' = 2\cdot\frac{2x}{x^2+1} = \frac{4x}{x^2+1}$

d) $\int \frac{1}{e^x}\,dx = \int e^{-x}\,dx = -e^{-x}$ (nach Formel **d.**)

Kontrolle: $(-e^{-x})' = -(-1)\cdot e^{-x} = e^{-x}$

e) $\int 2x\cdot e^{x^2-1}\,dx = e^{x^2-1}$ (nach Formel **f.**)

Kontrolle: $(e^{x^2-1})' = 2x\cdot e^{x^2-1}$

f) $\int \frac{1-x}{x}\,dx = \int\left(\frac{1}{x}-1\right)dx = \ln x - x$

g) $\int \frac{1+x}{x^2}\,dx = \int\left(\frac{1}{x^2}+\frac{1}{x}\right)dx = \int(x^{-2}+x^{-1})\,dx = \frac{x^{-1}}{-1}+\ln x = -\frac{1}{x}+\ln x.$

13.2 Bestimmtes Integral

Ein bestimmtes Integral $F = \int\limits_a^b f(x)\,dx$ ist **keine Funktion**, sondern eine **feste Zahl**, die man als Fläche F zwischen der Funktion $f(x)$ und der x-Achse in den Grenzen a und b interpretieren kann.

Kann man eine Stammfunktion $F(x)$ zu $f(x)$ ermitteln, so ist die Berechnung des **bestimmten Integrals** einfach und erfolgt nach der Formel:

$$F = \int\limits_a^b f(x)\,dx = F(x)\big|_a^b = F(b) - F(a).$$

Man bildet also einfach die Differenz $F(b) - F(a)$.

Beispiele:

a) $\int\limits_2^4 (x-1)\,dx = \left(\frac{x^2}{2}-x\right)\Big|_2^4 = \left(\frac{4^2}{2}-4\right) - \left(\frac{2^2}{2}-2\right) = (8-4)-(2-2) = 4$

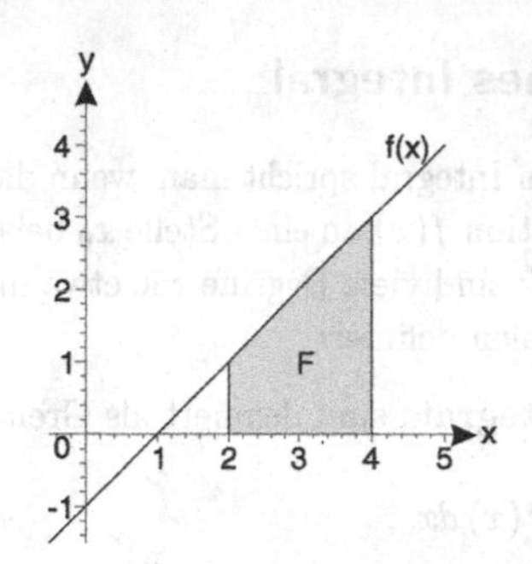

b) $\int_{-2}^{2} \frac{1}{3}x^3\, dx = \frac{1}{3} \cdot \left.\frac{x^4}{4}\right|_{-2}^{2} = \frac{1}{12} \cdot [2^4 - (-2)^4] = \frac{1}{12} \cdot [2^4 - 2^4] = 0$

Die mit Hilfe eines bestimmten Integrals berechnete Fläche F ist

positiv, falls $f(x)$ **oberhalb** der x-Achse liegt,
negativ, falls $f(x)$ **unterhalb** der x-Achse liegt.

Diese Fläche F stimmt deshalb natürlich nicht immer mit dem geometrischen Flächeinhalt überein.

Fläche zwischen zwei Kurven:
Die Fläche F_0, die zwischen den zwei sich schneidenden Funktionen $f(x)$ und $g(x)$ liegt, berechnet sich nach der Formel:

$$F_0 = \left| \int_{x_1}^{x_2} f(x)\, dx - \int_{x_1}^{x_2} g(x)\, dx \right| = \left| \int_{x_1}^{x_2} [f(x) - g(x)]\, dx \right| .$$

Dabei sind x_1 und x_2 die Schnittpunkte zwischen den Funktionen $f(x)$ und $g(x)$.

Rechenregeln für bestimmte Integrale:

a. $\int_a^b [f(x) + g(x)]\, dx = \int_a^b f(x)\, dx + \int_a^b g(x)\, dx$

b. $\int_a^b \lambda \cdot f(x)\, dx = \lambda \cdot \int_a^b f(x)\, dx$

c. $\int_a^b f(x)\, dx = -\int_b^a f(x)\, dx \Rightarrow \int_a^a f(x)\, dx = 0$

d. $\int_a^b f(x)\, dx = \int_a^c f(x)\, dx + \int_c^b f(x)\, dx$ für $c \in [a, b]$ beliebig.

13.3 Uneigentliches Integral

Von einem uneigentlichen Integral spricht man, wenn das Integrationsintervall unendlich ist oder die Funktion $f(x)$ an einer Stelle x_0 beispielsweise gegen ∞ strebt. Vor allem in der Statistik sind viele Begriffe wie etwa die Verteilungsfunktion mit Hilfe von solchen Integralen definiert.

Die **uneigentlichen Integrale** sind definiert als Grenzwerte

a. $\int\limits_a^\infty f(x)\,dx = \lim\limits_{b_n\to\infty} \int\limits_a^{b_n} f(x)\,dx$

b. $\int\limits_{-\infty}^b f(x)\,dx = \lim\limits_{a_n\to-\infty} \int\limits_{a_n}^{b} f(x)\,dx$

c. $\int\limits_{-\infty}^\infty f(x)\,dx = \lim\limits_{a_n\to-\infty, b_n\to\infty} \int\limits_{a_n}^{b_n} f(x)\,dx$

d. $\int\limits_a^b f(x)\,dx = \lim\limits_{\epsilon\to 0} \int\limits_{a+\epsilon}^{b} f(x)\,dx$, wenn $f(x)$ eine Polstelle bei $x_0 = a$ besitzt.

Diese Grenzwerte existieren natürlich nur dann, falls sich die Funktion $f(x)$ sehr schnell der x-Achse bzw. einer senkrechten Asymptote nähert.

Beispiele:

a) $\int\limits_{-\infty}^0 e^x\,dx = \lim\limits_{a_n\to-\infty} \int\limits_{a_n}^0 e^x\,dx = \lim\limits_{a_n\to-\infty} e^x\Big|_{a_n}^0 = \lim\limits_{a_n\to-\infty} (e^0 - e^{a_n}) \to 1 - e^{-\infty} = 1,$

b) $\int\limits_0^1 \frac{1}{\sqrt{x}}\,dx = \lim\limits_{\epsilon\to 0} \int\limits_\epsilon^1 x^{-\frac{1}{2}}\,dx = \lim\limits_{\epsilon\to 0} \frac{x^{\frac{1}{2}}}{\frac{1}{2}}\Bigg|_\epsilon^1 = \lim\limits_{\epsilon\to 0} 2\sqrt{x}\Big|_\epsilon^1 =$

$= \lim\limits_{\epsilon\to 0} 2(\sqrt{1} - \sqrt{\epsilon}) = 2(1-0) = 2.$

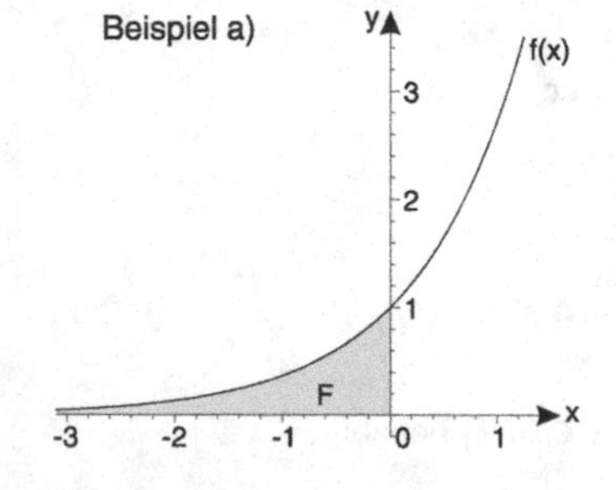

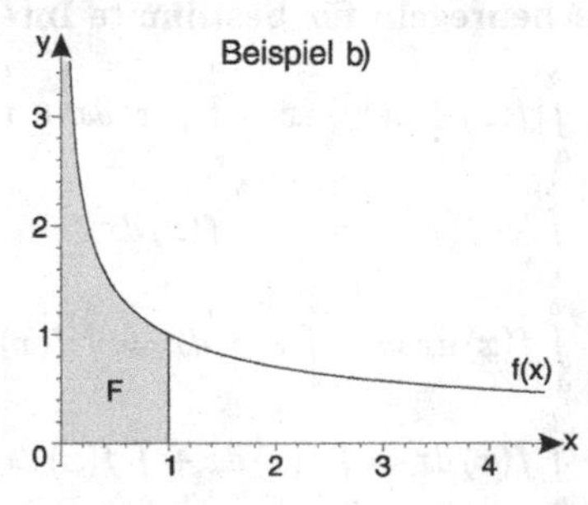

14 Elastizitäten

Bei der Untersuchung vieler funktionaler Zusammenhänge in den Wirtschaftswissenschaften tritt die Frage auf, wie stark die **abhängige Variable** auf eine Veränderung der **unabhängigen Variablen** „reagiert“. An dem folgenden Beispiel einer Nachfragefunktion $x = x(p) = 100 - p$ soll nun auf anschauliche Weise erläutert werden, wie man diese Reaktion mathematisch beschreiben kann.

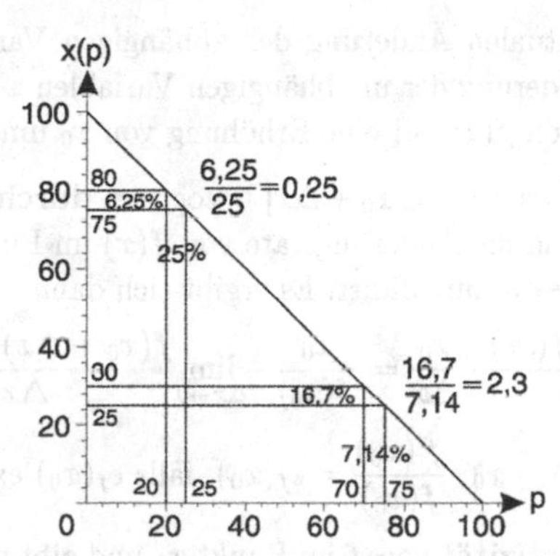

Wie man sofort sehen kann, führt hier eine Preiserhöhung von 20 € auf 25 € zu einer Verminderung der Nachfrage von 80 ME (= Mengeneinheiten) auf 75 ME. Erhöht man den Preis von 70 € auf 75 €, so sinkt die Nachfrage von 30 ME auf 25 ME. Es führt hier also jeweils eine absolute Preiserhöhung von $\Delta p = 5$ zu einer absoluten Verminderung der Nachfrage von $\Delta x = 5$.

Trotzdem wirkt sich aber die Erhöhung des niedrigeren Preises anders auf die Nachfrage aus als die Steigerung des höheren Preises. Man sieht dies erst, wenn man statt der **absoluten** die **relativen**, d. h. die **prozentualen** Änderungen betrachtet.

Erhöht man den Preis von 20 € auf 25 €, so beträgt die Preiserhöhung 25 %; dadurch wird die Nachfrage von 80 ME auf 75 ME vermindert, also um 6,25 %. Wird dagegen der Preis von 70 € auf 75 € heraufgesetzt, so beträgt die Erhöhung 7,14 % und die Nachfrage sinkt von 30 ME auf 25 ME, also um 16,7 %.

Die Reaktion auf Preisänderungen kann man dann jeweils mit Hilfe des Quotienten der beiden prozentualen Änderungen beschreiben. Aus den Quotienten

$$\frac{6,25}{25} = 0,25 \text{ für } p_0 = 20 \text{ und } \frac{16,7}{7,14} = 2,3 \text{ für } p_1 = 70$$

lässt sich dann erkennen, dass die Nachfrage wesentlich stärker sinkt, wenn man den hohen Preis nochmals erhöht.

Allgemein stellt der Quotient

$$\frac{f(x_0+\Delta x) - f(x_0)}{f(x_0)} \cdot 100 : \frac{\Delta x}{x_0} \cdot 100 = \frac{f(x_0+\Delta x) - f(x_0)}{f(x_0)} \cdot \frac{x_0}{\Delta x}$$

zwischen der prozentualen Änderung der abhängigen Variablen $y = f(x)$ und der prozentualen Änderung der unabhängigen Variablen x eine **Maßzahl** für die Reaktion der Funktion $f(x)$ auf eine Erhöhung von x_0 um Δx dar.

Aus dieser auf das Intervall $[x_0, x_0 + \Delta x]$ bezogenen **durchschnittlichen Änderungsrate** erhält man die Änderungsrate von $f(x)$ im Punkt x_0, wenn man den Grenzübergang $\Delta x \to 0$ durchführt. Es ergibt sich dann:

$$\lim_{\Delta x \to 0} \frac{f(x_0+\Delta x) - f(x_0)}{f(x_0)} \cdot \frac{x_0}{\Delta x} = \frac{x_0}{f(x_0)} \cdot \lim_{\Delta x \to 0} \frac{f(x_0+\Delta x) - f(x_0)}{\Delta x}$$

$$= \frac{x_0}{f(x_0)} \cdot f'(x_0) = x_0 \cdot \frac{f'(x_0)}{f(x_0)} = \epsilon_f(x_0), \text{ falls } \epsilon_f(x_0) \text{ existiert.}$$

$\epsilon_f(x_0)$ heisst die **Elastizität** von f im Punkt x_0 und gibt näherungsweise an, um wie viel Prozent sich die Funktion $f(x)$ ändert, wenn man x_0 um 1 % erhöht. $\epsilon_f(x_0)$ ist eine dimensionslose Zahl, die unabhängig davon ist, ob z. B. der Preis in Euro oder Dollar und die nachgefragte Menge in kg oder t angegeben ist.

Beispiele:

a. $f(x) = \frac{1}{x^2} = x^{-2} \Rightarrow f'(x) = -2x^{-3}$

$\epsilon_f(x) = x \cdot \frac{-2x^{-3}}{x^{-2}} = -\frac{2x^{-2}}{x^{-2}} = -2,$

b. $f(x) = ae^{-2x} \Rightarrow f'(x) = ae^{-2x} \cdot (-2) = -2a \cdot e^{-2x}$

$\epsilon_f(x) = x \cdot \frac{-2a \cdot e^{-2x}}{ae^{-2x}} = -2x.$

Um Elastizitäten besser vergleichen zu können, benutzt man die Absolutbeträge und bezeichnet $f(x)$ im Punkt x_0 als **unelastisch**, falls $|\epsilon_f(x_0)| < 1$, **1-elastisch**, falls $|\epsilon_f(x_0)| = 1$ und **elastisch**, falls $|\epsilon_f(x_0)| > 1$ ist.

15 Finanzmathematik

Zur Behandlung von Problemen aus der Finanzmathematik benötigt man häufig folgende Formeln:

15.1 Summenformeln für Reihen

a. Endliche arithmetische Reihe:

Unter einer endlichen arithmetischen Reihe versteht man eine Summe der Form

$$\sum_{i=1}^{n} a_i = \sum_{i=1}^{n} [a + (i-1)d] = a + (a+d) + (a+2d) + \ldots + [a + (n-1)d].$$

Für die **Differenz** von je zwei aufeinanderfolgenden Gliedern der Reihe gilt also immer:

$$a_{n+1} - a_n = d \; (= const.).$$

Den Summenwert der **arithmetischen Reihe** erhält man mit Hilfe der Formel:

$$\sum_{i=1}^{n} [a + (i-1)d] = \frac{n}{2} \cdot [2a + (n-1)d].$$

Beispiel:.

$4 + 8 + 12 + 16 + \ldots + 100$:

Anfangsglied $a = 4$,

Differenz zwischen je zwei aufeinanderfolgenden Gliedern $d = 4$,

allgemeines Bildungsgesetz $a_i = 4 + 4(i-1)$ für $i = 1, \ldots, n$.

Die arithmetische Reihe besteht aus $n = 25$ Gliedern wegen

$a_n = 4 + 4(n-1) = 100 \Rightarrow n - 1 = \frac{96}{4} = 24 \Rightarrow n = 25.$

Als Summenwert erhält man:

$$\begin{aligned} s_{25} &= \frac{n}{2} \cdot [2a + (n-1)d] = \frac{25}{2} \cdot [2 \cdot 4 + (25-1) \cdot 4] = \\ &= \frac{25 \cdot 4}{2} \cdot [2 + 24] = 50 \cdot 26 = 1.300. \end{aligned}$$

b. Endliche geometrische Reihe:

Unter einer endlichen geometrischen Reihe versteht man eine Summe der Form

$$\sum_{i=1}^{n} a_i = \sum_{i=1}^{n} aq^{i-1} = a + aq + aq^2 + \ldots + aq^{n-1}.$$

Für den **Quotienten** von je zwei aufeinanderfolgenden Gliedern der Reihe gilt also immer:

$$\frac{a_{n+1}}{a_n} = q \; (= const.).$$

Den Summenwert der **endlichen geometrischen Reihe** erhält man mit Hilfe der Formel:

$$s_n = \sum_{i=1}^{n} aq^{i-1} = a \cdot \frac{1-q^n}{1-q} \quad \text{für } q \neq 1.$$

Beispiel:
$2 + 4 + 8 + 16 + 32 + \ldots + 4.096$:
Anfangsglied $a = 2$,
Quotient zwischen je zwei aufeinanderfolgenden Gliedern $q = 2$,
allgemeines Bildungsgesetz $a_i = 2 \cdot 2^{i-1}$ für $i = 1, \ldots, n$.
Die geometrische Reihe besteht aus $n = 12$ Gliedern wegen
$a_n = 2 \cdot 2^{n-1} = 4.096 \Rightarrow 2^n = 4.096 \Rightarrow \ln 2^n = n \cdot \ln 2 = \ln 4.096 \Rightarrow$

$$\Rightarrow n = \frac{\ln 4.096}{\ln 2} = 12.$$

Als Summenwert erhält man:

$$s_{12} = a \cdot \frac{1-q^n}{1-q} = 2 \cdot \frac{1-2^{12}}{1-2} = 2 \cdot \frac{1-2^{12}}{-1} = 2 \cdot (2^{12} - 1) = 8.190.$$

c. **Unendliche geometrische Reihe:**
Eine **unendliche geometrische Reihe** ist eine Summe von unendlich vielen Gliedern der Form

$$\sum_{i=1}^{\infty} aq^{i-1} = a + aq + aq^2 + aq^3 + \ldots$$

Den **Summenwert** dieser Reihe erhält man mit Hilfe der Formel

$$s = a + aq + aq^2 + aq^3 + \ldots = \frac{a}{1-q} \quad \text{für} \quad |q| < 1;$$

er existiert nur für $-1 < q < 1$.

Beispiel:

$$0,999\ldots = \frac{9}{10} + \frac{9}{100} + \frac{9}{1000} + \ldots = \frac{9}{10} \cdot \left(1 + \frac{1}{10} + \frac{1}{100} + \ldots\right).$$

Wegen $a = 1$ und $q = \frac{1}{10}$ ergibt sich für diese Reihe dann der Summenwert:

$$s = \frac{a}{1-q} = \frac{1}{1-\frac{1}{10}} = \frac{1}{\frac{9}{10}} = \frac{10}{9}, \text{ und deshalb gilt: } 0,999\ldots = \frac{9}{10} \cdot \frac{10}{9} = 1.$$

15.2 Zinseszinsrechnung

a. Einfache (= taggenaue) Verzinsung:

Innerhalb eines Jahres (= Zinsperiode) werden die Zinsen auf den Tag genau berechnet, wobei man in der Praxis annimmt, dass ein Monat aus 30 und ein Jahr aus 360 Zinstagen besteht.

Wird ein Anfangskapital K_0 zu einem Jahreszinssatz p verzinst, so berechnet sich dann das Kapital K_t nach t Tagen gemäß der Formel:

$$K_t = K_0 + K_0 \cdot p \cdot \frac{t}{360} = K_0 \cdot \left(1 + p \cdot \frac{t}{360}\right).$$

Beispiel:

Ein Betrag von 5.000 € wird am 17.4. auf ein Bankkonto einbezahlt und bereits am 3.10. des gleichen Jahres wieder abgehoben. Wie hoch sind dabei die entstandenen Zinsen, wenn eine Verzinsung von 3,5 % vereinbart wurde?

Anfangskapital $K_0 = 5.000$, Zinssatz $p = 0,035$.

Laufzeit $= 13 + 5 \cdot 30 + 3 = 166$ Tage.

Endkapital: $K_t = K_0 \cdot (1 + p \cdot \frac{t}{360}) = 5.000 \cdot \left(1 + 0,035 \cdot \frac{166}{360}\right) = 5.080,69.$

Die Zinsen belaufen sich somit auf 80,69 €.

b. Zinseszinsformel:

Werden die jeweils anfallenden Zinsen dem Kapital zugeschlagen und mitverzinst, so spricht man von **Zinseszinsen**.

Bei einem Anfangskapital K_0, das auf die Dauer von n Perioden (= Jahr, Monat, Tag, ...) zu einem Zinssatz p angelegt wird, erhält man dann nach Ablauf dieses Zeitraums das Endkapital K_n nach der **Zinseszinsformel**

$$K_n = (1 + p)^n \cdot K_0.$$

Den Ausdruck $q^n = (1 + p)^n$ bezeichnet man dabei als **Aufzinsungsfaktor**.

Beispiel:

Bei der Geburt eines Kindes legt die Oma einen Betrag von 10.000 € auf einem Konto an, das zu 4 % verzinst wird. Über welchen Betrag kann das Enkelkind bei Volljährigkeit verfügen?

Anfangskapital $K_0 = 10.000$, Zinssatz $p = 0,04$ jährlich,

Laufzeit $n = 18$ Jahre.

Endkapital $K_n = (1 + p)^n \cdot K_0 = (1,04)^{18} \cdot 10.000 = 20.258,17.$

c. Barwertformel:

Unter einem **Barwert** versteht man das Anfangskapital K_0, das man **jetzt** anlegen muss, um nach n Perioden bei einem Zinssatz p das Endkapital K_n zu erzielen. Man erhält den Barwert nach der sog. **Barwertformel**

$$K_0 = \frac{K_n}{(1+p)^n}.$$

Die Berechnung des Barwerts bezeichnet man auch als **Abzinsen** oder **Diskontieren** und der Ausdruck

$$\frac{1}{q^n} = \frac{1}{(1+p)^n}$$

heißt **Abzinsungsfaktor**.

Zahlungen, die zu unterschiedlichen Zeitpunkten erfolgen, kann man miteinander vergleichen, wenn man den Gegenwartswert (= Barwert) berechnet.

Beispiel:

Beim Verkauf einer Immobilie liegen zwei Angebote vor:

Käufer A will 500.000 € sofort bezahlen.

Käufer B will den Kaufpreis in Raten bezahlen: 50.000 € sofort, 250.000 € nach zwei Jahren und 250.000 € nach vier Jahren.

Welches Kaufgebot ist günstiger, wenn man kalkulatorische Zinsen in Höhe von 6 % $(p = 0,06)$ unterstellt.

Barwert bei Käufer A: $K_0^A = 500.000$,

Barwert bei Käufer B: $K_0^B = 50.000 + \frac{250.000}{(1,06)^2} + \frac{250.000}{(1,06)^4} = 470.522,52.$

Das Angebot von Käufer A ist also günstiger, obwohl Käufer B insgesamt mehr bezahlt.

d. Berechnung des Zinssatzes:

Den Zinssatz p, zu dem man ein Anfangskapital K_0 für einen Zeitraum von n Perioden anlegen muss, damit sich das Endkapital K_n ergibt, kann man wie folgt aus der Zinseszinsformel berechnen:

$$K_n = (1+p)^n \cdot K_0 \Rightarrow (1+p)^n = \frac{K_n}{K_0} \Rightarrow (1+p) = \sqrt[n]{\frac{K_n}{K_0}} \Rightarrow p = \sqrt[n]{\frac{K_n}{K_0}} - 1.$$

Beispiel:
Ein Geschäftsmann kauft eine Immobilie zu einem Preis von 500.000 € und verkauft diese wieder nach drei Jahren zu einem Preis von 600.000 €. Wie groß ist die jährliche Rendite (= Verzinsung), wenn die Transaktionskosten unberücksichtigt bleiben?

Anfangskapital $K_0 = 500.000$, Endkapital $K_n = 600.000$,
Laufzeit $n = 3$ Jahre:

$$p = \sqrt[n]{\frac{K_n}{K_0}} - 1 = \sqrt[3]{\frac{600.000}{500.000}} - 1 = \sqrt[3]{\frac{6}{5}} - 1 = 0,0627;$$

die jährliche Rendite beträgt also 6, 27 %.

e. Berechnung der Laufzeit:
Die Anzahl n der Perioden, auf die man ein Anfangskapital K_0 zu einem Zinssatz p anlegen muss, damit sich ein Endkapital K_n ergibt, erhält man wieder aus der Zinseszinsformel wie folgt:

$$K_n = (1+p)^n \cdot K_0 \quad \Rightarrow \quad (1+p)^n = \frac{K_n}{K_0} \Rightarrow n \cdot \ln(1+p) = \ln\left(\frac{K_n}{K_0}\right) \Rightarrow$$

$$\Rightarrow \quad n = \frac{\ln\left(\frac{K_n}{K_0}\right)}{\ln(1+p)} = \frac{\ln(K_n) - \ln(K_0)}{\ln(1+p)}.$$

Beispiel:
Wie lange dauert es, bis sich ein Anfangskapital K_0 bei einer Verzinsung von 4 % jährlich verdoppelt hat?

Anfangskapital K_0, Endkapital $K_n = 2 \cdot K_0$, Zinssatz $p = 0,04$ jährlich.

$$n = \frac{\ln\left(\frac{K_n}{K_0}\right)}{\ln(1+p)} = \frac{\ln\left(\frac{2K_0}{K_0}\right)}{\ln(1,04)} = \frac{\ln 2}{\ln(1,04)} = 17,67.$$

Es dauert also mindestens 18 Jahre, bis sich das Anfangskapital verdoppelt.

15.3 Rentenrechnung

Findet in jeder Periode die Zahlung eines konstanten Betrages E statt, so spricht man von einer **Rente**. Die Summe dieser Zahlungen einschließlich der jeweils angefallenen Zinseszinsen bei einem Zinssatz p bezeichnet man als **Rentenendwert**.

Erfolgen die Zahlungen des Betrags E jeweils am

a. Anfang einer Periode, so spricht man von **vorschüssiger Zahlungsweise** und den Rentenendwert erhält man mit Hilfe der Formel

$$K_n^{vor} = \frac{(1+p)^n - 1}{p} \cdot (1+p) \cdot E,$$

b. Ende einer Periode, so spricht man von **nachschüssiger Zahlungsweise** und den Rentenendwert erhält man mit Hilfe der Formel

$$K_n^{nach} = \frac{(1+p)^n - 1}{p} \cdot E.$$

Als **Barwert einer Rente** bezeichnet man den Gegenwartswert, also den Betrag B_0, den man **jetzt** zum Zinssatz p anlegen muss, um nach n Perioden den Rentenendwert K_n zu erzielen. Man erhält diesen Barwert wieder durch Abzinsen des Rentenendwertes.

Je nachdem, ob es sich um eine vor- oder nachschüssige Zahlungsweise handelt, ergibt sich der **Rentenbarwert** mit Hilfe der Formeln:

$$B_0^{vor} = \frac{K_n^{vor}}{(1+p)^n} \quad \text{bzw.} \quad B_0^{nach} = \frac{K_n^{nach}}{(1+p)^n}.$$

Beispiele:

a) Ein Angestellter glaubt, dass seine Rente im Alter nicht ausreichen wird. Er zahlt deshalb ab seinem 40. Geburtstag zu Beginn jeden Jahres 6.000 € auf ein Konto ein.
Welcher Betrag befindet sich an seinem 65. Geburtstag auf dem Konto, wenn über die gesamte Laufzeit eine Verzinsung von 5 % vereinbart wurde?

Einzahlung $E = 6.000$, Zinssatz $p = 0,05$, Laufzeit $n = 25$ Jahre:

Rentenendwert:

$$K_n^{vor} = \frac{(1+p)^n - 1}{p} \cdot (1+p) \cdot E = \frac{(1,05)^{25} - 1}{0,05} \cdot (1,05) \cdot 6.000 = 300.680,72.$$

An seinem 65. Geburtstag befinden sich also 300.680,72 € auf dem Konto.

b) Der Angestellte lässt nun 300.000 € auf seinem Konto und möchte sich dafür 20 Jahre lang wieder jeweils zu Jahresbeginn eine Rente auszahlen lassen. Wie hoch ist diese Rente, wenn eine Verzinsung von 6 % unterstellt wird?

Wird das Kapital $K_0 = 300.000$ auf $n = 20$ Jahre zu einem Zinssatz von $p = 0,06$ angelegt, so ergibt sich ein Endkapital

$$K_n = K_0 \cdot (1+p)^n = 300.000 \cdot (1,06)^{20} = 962.140,65.$$

Dieser Betrag soll nun durch die Rente R ausbezahlt werden, die 20 Jahre lang zum Beginn eines jeden Jahres erfolgen soll.

Es gilt also die Formel:

$$K_n^{vor} = \frac{(1+p)^n - 1}{p} \cdot (1+p) \cdot R = 962.140,65,$$

und daraus ergibt sich die jährliche Rente

$$R = \frac{K_n^{vor}}{(1+p)^n - 1} \cdot \frac{p}{1+p} = \frac{962.140,65}{(1,06)^{20} - 1} \cdot \frac{0,06}{1,06} = 24.674,88.$$

15.4 Tilgungsrechnung

Bei der **Tilgungs-** oder **Amortisationsrechnung** wird ermittelt, auf welche Weise eine Schuld zurückbezahlt werden soll.

Die vom Schuldner jährlich aufzubringenden Leistungen bezeichnet man als **Annuitäten** A_k für $k = 1, \ldots, n$. Diese setzen sich zusammen aus der

Tilgungsrate T_k, d. h. den Teilbetrag der Rückzahlung sowie den **Zinsen** Z_k, die jeweils für die Restschuld zu bezahlen sind.

Es gilt also: $A_k = T_k + Z_k$.

Für die Rückzahlung einer Schuld S_0 gibt es natürlich die verschiedensten Tilgungspläne, von denen hier zwei wichtige herausgegriffen werden sollen:

a. Fallende Annuitäten:

Die Schuld S_0 soll mit n konstanten Tilgungsraten $T_k = \frac{S_0}{n}$ für $k = 1, \ldots n$ zurückbezahlt werden. Dabei werden die Zinsen auf die jeweilige Restschuld immer kleiner. Man spricht hier von fallenden Annuitäten.

Beispiel:

Soll eine Schuld von $S_0 = 60.000$ €, für die Schuldzinsen von 8 % $(p = 0,08)$ vereinbart wurden, in $n = 4$ Jahren zurückbezahlt werden, so erhält man folgenden Tilgungsplan:

Jahr k	Restschuld am Jahresanfang	Zinsen Z_k	Tilgungsrate T_k	Annuität A_k
1	60.000	4.800	15.000	19.800
2	45.000	3.600	15.000	18.600
3	30.000	2.400	15.000	17.400
4	15.000	1.200	15.000	16.200
	$\sum$	12.000	60.000	72.000

b. Konstante Annuitäten:

Soll eine Schuld S_0 in n Jahren mit jeweils gleichbleibenden Annuitäten $A_k = A_0$ für $k = 1, \dots, n$ getilgt werden, so kann diese konstante Annuität A_0 mit Hilfe der Rentenrechnung ermittelt werden.

Der Barwert aller Zahlungen A_0 bei einem Schuldzinssatz p ist nämlich die Schuld S_0 und stimmt mit dem Rentenbarwert bei nachschüssiger Zahlungsweise überein. Es gilt also:

$$S_0 = \frac{1}{(1+p)^n} \cdot \frac{(1+p)^n - 1}{p} \cdot A_0,$$

und daraus ergibt sich:

$$A_0 = S_0 \cdot \frac{(1+p)^n \cdot p}{(1+p)^n - 1}.$$

Beispiel:

Soll die Schuld $S_0 = 60.000$ €, für die Schuldzinsen von 8 % $(p = 0,08)$ vereinbart wurden, in $n = 4$ Jahren bei konstanten Annuitäten zurückbezahlt werden, so erhält man:

$$A_0 = 60.000 \cdot \frac{(1,08)^4 \cdot 0,08}{(1,08)^4 - 1} = 18.115,25.$$

Es ergibt sich hier also der folgende Tilgungsplan:

Jahr k	Restschuld am Jahresanfang	Zinsen Z_k	Tilgungsrate T_k	Annuität A_k
1	60.000	4.800	13.315,25	18.115,25
2	46.684,75	3.734,78	14.380,47	18.115,25
3	32.304,28	2.584,34	15.530,91	18.115,25
4	16.773,37	1.341,87	16.773,37	18.115,25
	$\sum$	12.460,99	60.000	72.461

16 Matrizen

16.1 Bezeichnungen

Eine $(m \times n)$-Matrix $\mathbf{A}$ ist eine Tabelle der Form

$$\mathbf{A} = (a_{ij})_{m\times n} = \begin{pmatrix} a_{11} & \dots & a_{1n} \\ a_{21} & \dots & a_{2n} \\ \vdots & & \vdots \\ a_{m1} & \dots & a_{mn} \end{pmatrix}$$

von reellen Zahlen a_{ij}, wobei m die Anzahl der Zeilen und n die Anzahl der Spalten bezeichnet. Das Element a_{ij} steht in der i-ten Zeile und der j-ten Spalte von $\mathbf{A}$. Speziell ergibt sich als

$(m \times 1)$-Matrix der **Spaltenvektor** $\mathbf{a} = \begin{pmatrix} a_1 \\ \vdots \\ a_m \end{pmatrix}$,

$(1 \times n)$-Matrix der **Zeilenvektor** $\mathbf{b} = \begin{pmatrix} b_1 & \dots & b_n \end{pmatrix}$,

(1×1)-Matrix ein **Skalar** a (= reelle Zahl).

Matrizen werden mit großen Buchstaben $\mathbf{A}, \mathbf{B}, \mathbf{C}, \ldots$,
Vektoren mit kleinen Buchstaben $\mathbf{a}, \mathbf{b}, \mathbf{c}, \ldots$

und der Vektor $\mathbf{o} = \begin{pmatrix} 0 \\ \vdots \\ 0 \end{pmatrix}$ als **Nullvektor** bezeichnet.

16.2 Vergleich von Matrizen

Da Matrizen Tabellen sind, kann man sie nur miteinander vergleichen, wenn sie gleich groß sind. Man vergleicht dabei die jeweils an entsprechender Stelle stehenden Elemente.

Für die Matrizen $\mathbf{A} = (a_{ij})_{m\times n}$ und $\mathbf{B} = (b_{ij})_{m\times n}$ gilt dann:

$\mathbf{A} = \mathbf{B}$, falls $a_{ij} = b_{ij}$, $\quad \mathbf{A} < \mathbf{B}$, falls $a_{ij} < b_{ij}$, $\quad \mathbf{A} \le \mathbf{B}$, falls $a_{ij} \le b_{ij}$

für jeweils alle $i = 1, \ldots, m$ und $j = 1, \ldots, n$.
Dagegen ist $\mathbf{A} \neq \mathbf{B}$ bereits dann, falls es mindestens ein $a_{ij} \neq b_{ij}$ gibt.

16.3 Rechenoperationen für Matrizen

a. Addition von Matrizen:

$$\mathbf{A}+\mathbf{B}=\begin{pmatrix} a_{11} & \dots & a_{1n} \\ a_{21} & \dots & a_{2n} \\ \vdots & & \vdots \\ a_{m1} & \dots & a_{mn} \end{pmatrix}+\begin{pmatrix} b_{11} & \dots & b_{1n} \\ b_{21} & \dots & b_{2n} \\ \vdots & & \vdots \\ b_{m1} & \dots & b_{mn} \end{pmatrix}=$$

$$=\begin{pmatrix} a_{11}+b_{11} & \dots & a_{1n}+b_{1n} \\ a_{21}+b_{21} & \dots & a_{2n}+b_{2n} \\ \vdots & & \vdots \\ a_{m1}+b_{m1} & \dots & a_{mn}+b_{mn} \end{pmatrix}.$$

Beispiel:

$$\mathbf{A}+\mathbf{B}=\begin{pmatrix} 4 & 1 & 3 \\ -1 & 0 & 2 \end{pmatrix}+\begin{pmatrix} 1 & -1 & 0 \\ 2 & -1 & 4 \end{pmatrix}=\begin{pmatrix} 5 & 0 & 3 \\ 1 & -1 & 6 \end{pmatrix}.$$

Hinweis:
Es können nur Matrizen addiert werden, die die **gleiche** Anzahl von Zeilen und Spalten besitzen. Es gilt also:

$\mathbf{A}+\mathbf{B}=\begin{pmatrix} 3 & 1 \\ 1 & 2 \end{pmatrix}+\begin{pmatrix} -1 \\ 2 \end{pmatrix}$ ist nicht definiert.

b. Multiplikation der Matrix A mit einem Skalar (= reelle Zahl) λ:

$$\lambda\cdot\begin{pmatrix} a_{11} & \dots & a_{1n} \\ a_{21} & \dots & a_{2n} \\ \vdots & & \vdots \\ a_{m1} & \dots & a_{mn} \end{pmatrix}=\begin{pmatrix} \lambda\cdot a_{11} & \dots & \lambda\cdot a_{1n} \\ \lambda\cdot a_{21} & \dots & \lambda\cdot a_{2n} \\ \vdots & & \vdots \\ \lambda\cdot a_{m1} & \dots & \lambda\cdot a_{mn} \end{pmatrix}.$$

Beispiel:

$$2\cdot\begin{pmatrix} 1 & 3 \\ -1 & 1 \end{pmatrix}=\begin{pmatrix} 2 & 6 \\ -2 & 2 \end{pmatrix}.$$

c. Skalarmultiplikation von Vektoren:

Die Skalarmultiplikation zwischen den Vektoren

$\mathbf{x}=\begin{pmatrix} x_1 \\ \vdots \\ x_n \end{pmatrix}$ und $\mathbf{y}=\begin{pmatrix} y_1 \\ \vdots \\ y_n \end{pmatrix}$ soll hier folgendermaßen definiert werden:

$$\mathbf{x}' \cdot \mathbf{y} = \begin{pmatrix} x_1 & \dots & x_n \end{pmatrix} \cdot \begin{pmatrix} y_1 \\ \vdots \\ y_n \end{pmatrix} = x_1 \cdot y_1 + \dots + x_n \cdot y_n.$$

Bei diesem Produkt ist also der **erste Faktor** immer ein **Zeilenvektor** und der **zweite Faktor** immer ein **Spaltenvektor**. Als Ergebnis erhält man einen **Skalar** (= reelle Zahl).

Beispiel:

Für $\mathbf{x} = \begin{pmatrix} 2 \\ -3 \\ 5 \end{pmatrix}$ und $\mathbf{y} = \begin{pmatrix} 1 \\ 2 \\ 0 \end{pmatrix}$ gilt:

$$\mathbf{x}' \cdot \mathbf{y} = \begin{pmatrix} 2 & -3 & 5 \end{pmatrix} \cdot \begin{pmatrix} 1 \\ 2 \\ 0 \end{pmatrix} = 2 \cdot 1 - 3 \cdot 2 + 5 \cdot 0 = -4.$$

Hinweis:
Das Skalarprodukt ist nur definiert, falls die Vektoren $\mathbf{x}$ und $\mathbf{y}$ jeweils die **gleiche** Anzahl von Komponenten besitzen. Es gilt also:

$\mathbf{x}' \cdot \mathbf{y} = \begin{pmatrix} 1 & -1 \end{pmatrix} \cdot \begin{pmatrix} 2 \\ 0 \\ 1 \end{pmatrix}$ ist nicht definiert.

d. Multiplikation der Matrix A mit einem Spaltenvektor x:

Die Multiplikation einer Matrix **A** mit einem Spaltenvektor **x** ergibt wieder einen Spaltenvektor **b**:

$$\mathbf{A} \cdot \mathbf{x} = \begin{pmatrix} a_{11} & \dots & a_{1n} \\ a_{21} & \dots & a_{2n} \\ \vdots & & \vdots \\ a_{m1} & \dots & a_{mn} \end{pmatrix} \cdot \begin{pmatrix} x_1 \\ \vdots \\ x_n \end{pmatrix} = \begin{pmatrix} b_1 \\ b_2 \\ \vdots \\ b_m \end{pmatrix} = \mathbf{b}.$$

Dabei bildet man die Komponenten $b_1, b_2, \dots$ der Reihe nach jeweils als Skalarprodukt aus der

ersten Zeile von **A** mit **x**: $b_1 = \begin{pmatrix} a_{11} & \dots & a_{1n} \end{pmatrix} \cdot \begin{pmatrix} x_1 \\ \vdots \\ x_n \end{pmatrix}$,

zweiten Zeile von **A** mit **x**: $b_2 = \begin{pmatrix} a_{21} & \dots & a_{2n} \end{pmatrix} \cdot \begin{pmatrix} x_1 \\ \vdots \\ x_n \end{pmatrix}$ usw.

Beispiele:

a) $$\begin{pmatrix} 1 & 2 & -1 \\ 3 & 0 & 1 \end{pmatrix} \cdot \begin{pmatrix} x_1 \\ x_2 \\ x_3 \end{pmatrix} = \begin{pmatrix} b_1 \\ b_2 \end{pmatrix} \quad \text{mit} \quad \begin{matrix} b_1 & = & x_1 & + & 2x_2 & - & x_3 \\ b_2 & = & 3x_1 & & & + & x_3 \end{matrix}$$

b) $$\begin{pmatrix} 2 & -1 & 3 \\ 1 & 0 & -2 \\ -3 & 2 & 0 \end{pmatrix} \begin{pmatrix} 1 \\ -1 \\ 0 \end{pmatrix} =$$

$$\begin{pmatrix} 2 \cdot 1 + (-1) \cdot (-1) + 3 \cdot 0 \\ 1 \cdot 1 + 0 \cdot (-1) + (-2) \cdot 0 \\ (-3) \cdot 1 + 2 \cdot (-1) + 0 \cdot 0 \end{pmatrix} = \begin{pmatrix} 3 \\ 1 \\ -5 \end{pmatrix}.$$

Hinweis:

Die Multiplikation der Matrix **A** mit dem Spaltenvektor **x** ist nur definiert, wenn gilt: Anzahl der **Spalten** von **A** = Anzahl der **Zeilen** von **x**.

Es gilt dann die Beziehung:

$$\underbrace{\underset{(m \times n)}{\mathbf{A}} \cdot \underset{(n \times 1)}{\mathbf{x}}} = \underset{(m \times 1)}{\mathbf{b}}$$

Das Produkt $\mathbf{A} \cdot \mathbf{x} = \begin{pmatrix} 2 & -1 & 3 \\ -1 & 0 & 2 \end{pmatrix} \cdot \begin{pmatrix} 1 \\ 2 \end{pmatrix}$

ist **nicht** definiert, da man keine Skalarprodukte aus den Zeilenvektoren von **A** und dem Spaltenvektor **x** bilden kann.

e. Die Matrizenmultiplikation A · B:

Das Produkt **A · B** zwischen den Matrizen **A** und **B** ist definiert gemäß:

$$\mathbf{A} \cdot \mathbf{B} = \mathbf{A} \cdot (\, \mathbf{b}_1, \; \mathbf{b}_2, \; \ldots \; \mathbf{b}_r \,) = (\, \mathbf{A} \cdot \mathbf{b}_1, \; \mathbf{A} \cdot \mathbf{b}_2, \; \ldots \; \mathbf{A} \cdot \mathbf{b}_r \,).$$

In der **ersten** Spalte von **A · B** steht der Vektor $\mathbf{A} \cdot \mathbf{b}_1$, also das Produkt aus der Matrix **A** mit der **ersten** Spalte von **B**,

in der **zweiten** Spalte von **A · B** steht der Vektor $\mathbf{A} \cdot \mathbf{b}_2$, also das Produkt aus der Matrix **A** mit der **zweiten** Spalte von **B** usw.

Beispiel:

$$\mathbf{A} \cdot \mathbf{B} = \begin{pmatrix} 2 & -2 & 1 \\ 0 & 1 & 3 \end{pmatrix} \cdot \begin{pmatrix} 4 & 1 & 2 \\ 3 & 0 & -1 \\ -1 & 2 & 0 \end{pmatrix} = \begin{pmatrix} 1 & 4 & 6 \\ 0 & 6 & -1 \end{pmatrix} \quad \text{wegen}$$

$$\begin{pmatrix} 2 & -2 & 1 \\ 0 & 1 & 3 \end{pmatrix} \cdot \begin{pmatrix} 4 \\ 3 \\ -1 \end{pmatrix} = \begin{pmatrix} 1 \\ 0 \end{pmatrix},$$

$$\begin{pmatrix} 2 & -2 & 1 \\ 0 & 1 & 3 \end{pmatrix} \cdot \begin{pmatrix} 1 \\ 0 \\ 2 \end{pmatrix} = \begin{pmatrix} 4 \\ 6 \end{pmatrix},$$

$$\begin{pmatrix} 2 & -2 & 1 \\ 0 & 1 & 3 \end{pmatrix} \cdot \begin{pmatrix} 2 \\ -1 \\ 0 \end{pmatrix} = \begin{pmatrix} 6 \\ -1 \end{pmatrix}.$$

Hinweis:
Das Matrizenprodukt $\mathbf{A} \cdot \mathbf{B}$ ist nur definiert, wenn gilt:

Anzahl der Spalten von $\mathbf{A}$ = Anzahl der Zeilen von $\mathbf{B}$.

Nur unter dieser Voraussetzung lassen sich nämlich die entsprechenden Skalarprodukte bilden.

Für das Matrizenprodukt gilt allgemein die Beziehung:

$$\underbrace{\underset{(m \times n)}{\mathbf{A}} \cdot \underset{(n \times r)}{\mathbf{B}}}_{} = \underset{(m \times r)}{\mathbf{A} \cdot \mathbf{B}}$$

Daraus ist ersichtlich, dass die Produktmatrix $\mathbf{A} \cdot \mathbf{B}$ m Zeilen (= Anzahl der Zeilen von $\mathbf{A}$) und r Spalten (= Anzahl der Spalten von $\mathbf{B}$) besitzt.

Die Matrizenmultiplikation kann man sich auch anhand des folgenden Schemas einprägen:

$$\begin{pmatrix} & b_{1j} & \\ \ldots & \vdots & \ldots \\ & b_{nj} & \end{pmatrix} = \mathbf{B}$$

$$\downarrow$$

$$\mathbf{A} = \begin{pmatrix} & \vdots & \\ a_{i1} & \ldots & a_{in} \\ & \vdots & \end{pmatrix} \rightarrow \begin{pmatrix} & \vdots & \\ \ldots & c_{ij} & \ldots \\ & \vdots & \end{pmatrix} = \mathbf{A} \cdot \mathbf{B}$$

Das Element c_{ij} in der Produktmatrix $\mathbf{A} \cdot \mathbf{B}$ ist jeweils das Skalarprodukt aus der i-ten Zeile von $\mathbf{A}$ und der j-ten Spalte von $\mathbf{B}$.

Beispiel:

$$\begin{pmatrix} -2 & 0 & 2 \\ 4 & 1 & -3 \end{pmatrix} = \mathbf{B}$$

$$\downarrow$$

$$\mathbf{A} = \begin{pmatrix} 2 & 0 \\ 1 & 2 \\ -1 & -3 \end{pmatrix} \rightarrow \begin{pmatrix} -4 & 0 & 4 \\ 6 & 2 & -4 \\ -10 & -3 & 7 \end{pmatrix} = \mathbf{A} \cdot \mathbf{B}$$

Rechenregeln für die Matrizenmultiplikation:

Für die Matrizenmultiplikation gelten andere Rechenregeln als für die Multiplikation mit reellen Zahlen:

a. Für reelle Zahlen gilt: $a \cdot b = b \cdot a$. Man kann deshalb in einem Produkt die Reihenfolge der Faktoren beliebig vertauschen ($2 \cdot 7 = 7 \cdot 2 = 14$).

Bei Matrizen gilt diese Rechenregel bis auf wenige Ausnahmen **nicht**, selbst wenn die Produkte $\mathbf{A} \cdot \mathbf{B}$ und $\mathbf{B} \cdot \mathbf{A}$ existieren und vergleichbar sind.

Gegenbeispiel:

Für $\mathbf{A} = \begin{pmatrix} 1 & -2 \\ 2 & 3 \end{pmatrix}$ und $\mathbf{B} = \begin{pmatrix} 0 & 2 \\ 1 & -1 \end{pmatrix}$ gilt:

$$\mathbf{A} \cdot \mathbf{B} = \begin{pmatrix} 1 & -2 \\ 2 & 3 \end{pmatrix} \cdot \begin{pmatrix} 0 & 2 \\ 1 & -1 \end{pmatrix} = \begin{pmatrix} -2 & 4 \\ 3 & 1 \end{pmatrix},$$

$$\mathbf{B} \cdot \mathbf{A} = \begin{pmatrix} 0 & 2 \\ 1 & -1 \end{pmatrix} \cdot \begin{pmatrix} 1 & -2 \\ 2 & 3 \end{pmatrix} = \begin{pmatrix} 4 & 6 \\ -1 & -5 \end{pmatrix}.$$

$\mathbf{A} \cdot \mathbf{B}$ und $\mathbf{B} \cdot \mathbf{A}$ sind hier zwar vergleichbar, aber es gilt: $\mathbf{A} \cdot \mathbf{B} \neq \mathbf{B} \cdot \mathbf{A}$.

b. Die Multiplikation $a \cdot 1$ einer reellen Zahl a mit 1 entspricht bei den Matrizen der Multiplikation einer Matrix $\mathbf{A}$ mit der sogenannten Einheitsmatrix

$$\mathbf{E} = \begin{pmatrix} 1 & 0 & \dots & 0 \\ 0 & 1 & \dots & 0 \\ \vdots & \vdots & \ddots & \vdots \\ 0 & 0 & \dots & 1 \end{pmatrix}.$$

Die Einheitsmatrizen sind quadratisch, d. h. $\mathbf{E}$ ist eine $(n \times n)$-Matrix.

Beispiel:

$$\mathbf{A} \cdot \mathbf{E} = \begin{pmatrix} 2 & 1 \\ 0 & -3 \end{pmatrix} \cdot \begin{pmatrix} 1 & 0 \\ 0 & 1 \end{pmatrix} = \begin{pmatrix} 2 & 1 \\ 0 & -3 \end{pmatrix} = \mathbf{A}$$

$$\mathbf{E} \cdot \mathbf{A} = \begin{pmatrix} 1 & 0 \\ 0 & 1 \end{pmatrix} \cdot \begin{pmatrix} 2 & 1 \\ 0 & -3 \end{pmatrix} = \begin{pmatrix} 2 & 1 \\ 0 & -3 \end{pmatrix} = \mathbf{A}$$

Bei der Multiplikation mit der Einheitsmatrix **E** darf die Reihenfolge der Faktoren vertauscht werden.

c. Für reelle Zahlen gilt: $a \cdot b = 0 \Rightarrow (a = 0) \vee (b = 0)$.

Für Matrizen gilt diese Regel **nicht** allgemein. Man sieht dies an folgendem **Gegenbeispiel:**

Für $\mathbf{A} = \begin{pmatrix} 1 & -1 \end{pmatrix}$ und $\mathbf{B} = \begin{pmatrix} 1 \\ 1 \end{pmatrix}$ gilt:

$$\mathbf{A} \cdot \mathbf{B} = \begin{pmatrix} 1 & -1 \end{pmatrix} \cdot \begin{pmatrix} 1 \\ 1 \end{pmatrix} = 0, \text{ aber } \mathbf{A} \neq \mathbf{0},\ \mathbf{B} \neq \mathbf{0}.$$

d. Für reelle Zahlen gilt: $a \cdot c = b \cdot c \Rightarrow a = b$ für $c \neq 0$.

Wie man auf einfache Weise zeigen kann, gilt auch diese Regel nicht allgemein für Matrizen.

Gegenbeispiel:

Für $\mathbf{A} = \begin{pmatrix} 1 & -1 \end{pmatrix}$, $\mathbf{B} = \begin{pmatrix} -1 & 1 \end{pmatrix}$, $\mathbf{C} = \begin{pmatrix} 1 \\ 1 \end{pmatrix}$ gilt:

$$\mathbf{A} \cdot \mathbf{C} = \begin{pmatrix} 1 & -1 \end{pmatrix} \cdot \begin{pmatrix} 1 \\ 1 \end{pmatrix} = 0 = \begin{pmatrix} -1 & 1 \end{pmatrix} \cdot \begin{pmatrix} 1 \\ 1 \end{pmatrix} = \mathbf{B} \cdot \mathbf{C}, \text{ aber } \mathbf{A} \neq \mathbf{B}.$$

16.4 Die transponierte Matrix

Bei einigen Rechenoperationen mit Matrizen benötigt man die **transponierte Matrix A′**. Diese Matrix erhält man aus der Matrix **A** wie folgt:

$$\mathbf{A} = \begin{pmatrix} a_{11} & \dots & a_{1n} \\ a_{21} & \dots & a_{2n} \\ \vdots & & \vdots \\ a_{m1} & \dots & a_{mn} \end{pmatrix} \Rightarrow \mathbf{A}' = \begin{pmatrix} a_{11} & a_{21} & \dots & a_{m1} \\ \vdots & \vdots & & \vdots \\ a_{1n} & a_{2n} & \dots & a_{mn} \end{pmatrix}.$$

Man schreibt also der Reihe nach die Zeilen von **A** als Spalten von **A′**, und erhält so aus der $(m \times n)$-Matrix **A** die $(n \times m)$-Matrix **A′**.

Die transponierte Matrix bezeichnet man auch mit $\mathbf{A}^t$ oder $\mathbf{A}^T$.

Beispiele:

$$\mathbf{A} = \begin{pmatrix} 1 & -1 & 2 & 4 \\ 1 & 5 & -3 & 4 \end{pmatrix} \Rightarrow \mathbf{A}' = \begin{pmatrix} 1 & 1 \\ -1 & 5 \\ 2 & -3 \\ 4 & 4 \end{pmatrix},$$

$$\mathbf{a} = \begin{pmatrix} a_1 \\ \vdots \\ a_n \end{pmatrix} \Rightarrow \mathbf{a}' = \begin{pmatrix} a_1 & \dots & a_n \end{pmatrix}.$$

Für transponierte Matrizen gelten die folgenden Rechenregeln:

a. $(\mathbf{A}')' = \mathbf{A}$
b. $(\mathbf{A}+\mathbf{B})' = \mathbf{A}' + \mathbf{B}'$
c. $(\lambda \cdot \mathbf{A})' = \lambda \cdot \mathbf{A}'$
d. $(\mathbf{A} \cdot \mathbf{B})' = \mathbf{B}' \cdot \mathbf{A}'$.

16.5 Geometrische Interpretation von Vektoren

Vektoren kann man geometrisch interpretieren als Punkte im n-dimensionalen Raum

$$\mathbb{R}^n = \{\mathbf{x} = (x_1, \dots, x_n) \mid x_i \in \mathbb{R}\}$$

oder auch als Pfeile, die vom Ursprung (= Nullvektor) $\mathbf{o}$ zum Punkt $\mathbf{x}$ gerichtet sind. In älteren Lehrbüchern findet man auch die Bezeichnung $\overrightarrow{x}$.

Beispiel:
Der $\mathbb{R}^2 = \{\mathbf{x} = (x_1, x_2) \mid x_i \in \mathbb{R}\}$ beschreibt die reelle Zahlenebene mit den Koordinatenachsen x_1 und x_2:

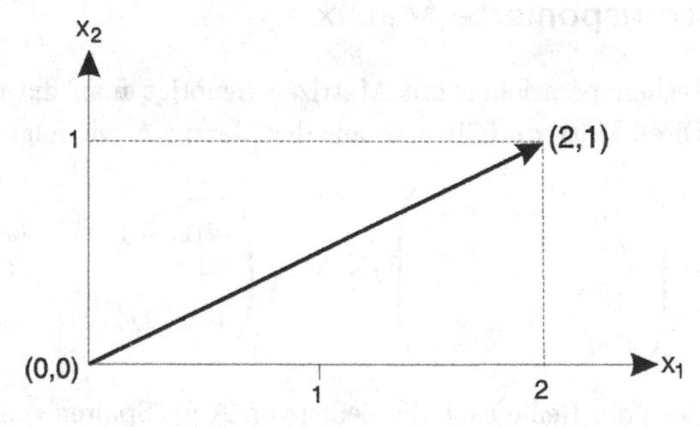

Der $\mathbb{R}^3 = \{\mathbf{x} = (x_1, x_2, x_3) \mid x_i \in \mathbb{R}\}$ beschreibt den 3-dimensionalen Raum mit den Koordinatenachsen x_1, x_2und x_3:

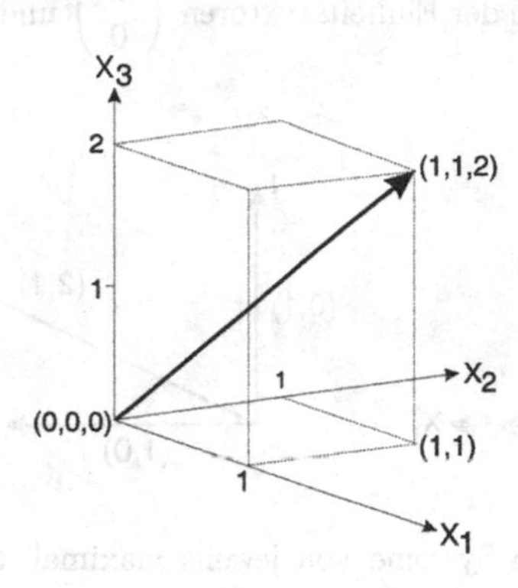

Für Vektoren gelten natürlich dieselben Rechenregeln wie für Matrizen, also

$$\mathbf{x} + \mathbf{y} = \begin{pmatrix} x_1 \\ \vdots \\ x_n \end{pmatrix} + \begin{pmatrix} y_1 \\ \vdots \\ y_n \end{pmatrix} = \begin{pmatrix} x_1 + y_1 \\ \vdots \\ x_n + y_n \end{pmatrix}$$

und

$$\lambda \cdot \mathbf{x} = \lambda \cdot \begin{pmatrix} x_1 \\ \vdots \\ x_n \end{pmatrix} = \begin{pmatrix} \lambda \cdot x_1 \\ \vdots \\ \lambda \cdot x_n \end{pmatrix}.$$

16.6 Lineare Unabhängigkeit von Vektoren

Beispiel:

Die Vektoren $\mathbf{e}_1 = \begin{pmatrix} 1 \\ 0 \end{pmatrix}$, $\mathbf{e}_2 = \begin{pmatrix} 0 \\ 1 \end{pmatrix} \in \mathbb{R}^2$ (= Einheitsvektoren) bezeichnet man als **linear unabhängig**, da man z. B. $\mathbf{e}_1$ nicht mit Hilfe von $\mathbf{e}_2$ berechnen kann; d. h. also:

$$\mathbf{e}_1 \neq \lambda \cdot \mathbf{e}_2$$

Dagegen sind die Vektoren $\begin{pmatrix} 1 \\ 0 \end{pmatrix}, \begin{pmatrix} 0 \\ 1 \end{pmatrix}, \begin{pmatrix} 2 \\ 1 \end{pmatrix}$ **linear abhängig**.

Es gilt nämlich $\begin{pmatrix} 2 \\ 1 \end{pmatrix} = 2 \cdot \begin{pmatrix} 1 \\ 0 \end{pmatrix} + 1 \cdot \begin{pmatrix} 0 \\ 1 \end{pmatrix}$, d. h. man kann den

Vektor $\begin{pmatrix} 2 \\ 1 \end{pmatrix}$ mit Hilfe der Einheitsvektoren $\begin{pmatrix} 1 \\ 0 \end{pmatrix}$ und $\begin{pmatrix} 0 \\ 1 \end{pmatrix}$ darstellen.

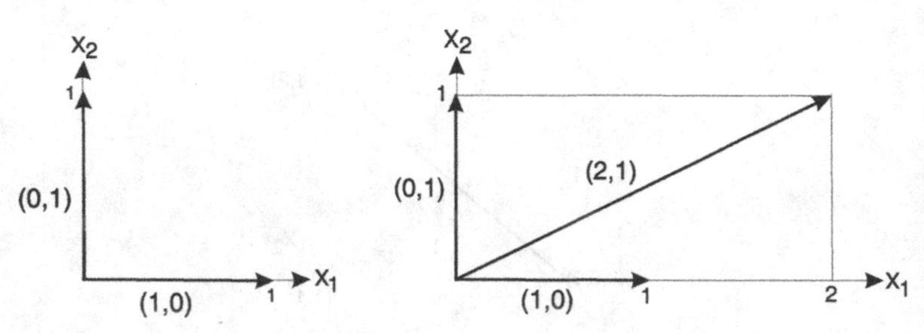

Im $\mathbb{R}^3$ gibt es dagegen Systeme von jeweils maximal drei linear unabhängigen Vektoren; ein solches System bilden z.B. die Einheitsvektoren.

$$\mathbf{e}_1 = \begin{pmatrix} 1 \\ 0 \\ 0 \end{pmatrix}, \mathbf{e}_2 = \begin{pmatrix} 0 \\ 1 \\ 0 \end{pmatrix}, \mathbf{e}_3 = \begin{pmatrix} 0 \\ 0 \\ 1 \end{pmatrix}.$$

Allgemein bezeichnet man den Vektor

$$\mathbf{a} = \lambda_1 \cdot \mathbf{a}_1 + \ldots + \lambda_n \cdot \mathbf{a}_n$$

als **Linearkombination** von $\mathbf{a}_1, \ldots, \mathbf{a}_n \in \mathbb{R}^n$ und die Vektoren $\mathbf{a}_1, \ldots, \mathbf{a}_n$ als

a. linear unabhängig, falls gilt:

$\lambda_1 \cdot \mathbf{a}_1 + \ldots + \lambda_n \cdot \mathbf{a}_n = \mathbf{o} \Rightarrow \lambda_1 = \ldots = \lambda_n = 0$

b. linear abhängig, falls gilt:

existiert mindestens ein $\lambda_i \neq 0$ mit $\lambda_1 \cdot \mathbf{a}_1 + \ldots + \lambda_n \cdot \mathbf{a}_n = \mathbf{o}$.

Im $\mathbb{R}^n$ bilden je n linear unabhängige Vektoren $\mathbf{a}_1, \ldots, \mathbf{a}_n$ eine **Basis**. Mit Hilfe dieser **Basisvektoren** kann dann jeder andere Vektor $\mathbf{a} \in \mathbb{R}^n$ erzeugt werden als Linearkombination $\mathbf{a} = \lambda_1 \cdot \mathbf{a}_1 + \ldots + \lambda_n \cdot \mathbf{a}_n$.

17 Lineare Gleichungssysteme

17.1 Bezeichnungen

Ein **lineares Gleichungssystem** mit m Gleichungen und n Unbekannten $x_1, \ldots, x_n$ besitzt allgemein die Form:

$$\begin{array}{ccccccc} a_{11}x_1 & + & \ldots & + & a_{1n}x_n & = & b_1 \\ a_{21}x_1 & + & \ldots & + & a_{2n}x_n & = & b_2 \\ \vdots & & \ddots & & \vdots & & \vdots \\ a_{m1}x_1 & + & \ldots & + & a_{mn}x_n & = & b_m \end{array}$$

oder in Matrizenschreibweise $\mathbf{A} \cdot \mathbf{x} = \mathbf{b}$, wobei folgende Bezeichnungen benützt werden:

Koeffizientenmatrix	Vektor der Unbekannten	Konstanten-vektor
$\mathbf{A} = \begin{pmatrix} a_{11} & \ldots & a_{1n} \\ \vdots & \ddots & \vdots \\ a_{m1} & \ldots & a_{mn} \end{pmatrix}$	$\mathbf{x} = \begin{pmatrix} x_1 \\ \vdots \\ x_n \end{pmatrix}$	$\mathbf{b} = \begin{pmatrix} b_1 \\ \vdots \\ b_m \end{pmatrix}$

17.2 Die Lösung des Gleichungssystems $\mathbf{A} \cdot \mathbf{x} = \mathbf{b}$ mit 3 Unbekannten

Um ein lineares Gleichungssystem zu lösen, addiert man Gleichungen, um systematisch Variable zu **eliminieren**.

Beispiele:

a) **Eindeutige Lösung:**

$$\begin{array}{rcrcrcll} x_1 & - & 2x_2 & & & = & 2 & I \\ 2x_1 & - & 3x_2 & - & x_3 & = & 3 & II \\ -x_1 & + & 4x_2 & + & 2x_3 & = & 4 & III \end{array}$$

Im ersten Schritt führt man die Addition der Gleichungen $II - 2 \cdot I$ und $III + I$ durch. Dadurch wird in den Gleichungen II und III die Variable x_1 eliminiert, und man erhält:

$$\begin{array}{rcrcrcrl} x_1 & - & 2x_2 & & & = & 2 & I \\ & & x_2 & - & x_3 & = & -1 & II \\ & & 2x_2 & + & 2x_3 & = & 6 & III \end{array}$$

Im zweiten Schritt addiert man $III - 2 \cdot II$, wodurch in der Gleichung III die Variable x_2 eliminiert wird. Man erhält dann:

$$\begin{array}{rcrcrcrl} x_1 & - & 2x_2 & & & = & 2 & I \\ & & x_2 & - & x_3 & = & -1 & II \\ & & & & 4x_3 & = & 8 & III \end{array}$$

Man kann jetzt diese Gleichungen nach den Unbekannten auflösen wie folgt:

$$\begin{array}{rcrcrcrcrcr} x_1 & = & 2 & + & 2x_2 & = & 2 & + & 2 & = & 4 \\ x_2 & = & -1 & + & x_3 & = & -1 & + & 2 & = & 1 \\ x_3 & = & 2 & & & = & 2 & & & = & 2 \end{array}$$

Hierbei geht man von **unten** nach **oben** vor und benützt $x_3 = 2$ zur Berechnung von x_2 sowie $x_2 = 1$ zur Berechnung von x_1.

Es ergibt sich somit die eindeutige Lösung: $\mathbf{x} = \begin{pmatrix} x_1 \\ x_2 \\ x_3 \end{pmatrix} = \begin{pmatrix} 4 \\ 1 \\ 2 \end{pmatrix}$.

b) **Unendlich viele Lösungen:**

$$\begin{array}{rcrcrcrl} x_1 & & & - & x_3 & = & 2 & I \\ -2x_1 & + & x_2 & + & 3x_3 & = & 4 & II \\ 3x_1 & - & x_2 & - & 4x_3 & = & -2 & III \end{array}$$

Im ersten Schritt addiert man die Gleichungen $II + 2 \cdot I$ sowie $III - 3 \cdot I$, und erhält dann:

$$\begin{array}{rcrcrcrl} x_1 & & & - & x_3 & = & 2 & I \\ & & x_2 & + & x_3 & = & 8 & II \\ & - & x_2 & - & x_3 & = & -8 & III \end{array}$$

Im zweiten Schritt addiert man $III + II$, und es ergibt sich:

$$\begin{array}{rcrcrcrl} x_1 & & & - & x_3 & = & 2 & I \\ & & x_2 & + & x_3 & = & 8 & II \end{array}$$

Dieses Gleichungssystem mit 2 Gleichungen und 3 Unbekannten besitzt unendlich viele Lösungen. Man erhält diese Lösungen, indem man für eine der Variablen eine feste Zahl einsetzt.

Setzt man $x_3 = \lambda$, so ergibt sich durch sukzessives Einsetzen von **unten** nach **oben**:

$$\begin{aligned} x_1 &= 2 + x_3 = 2 + \lambda \\ x_2 &= 8 - x_3 = 8 - \lambda \\ x_3 &= \lambda \quad\;\;\; = \lambda \end{aligned}$$

Die Lösung besitzt somit die Form:

$$\mathbf{x} = \begin{pmatrix} x_1 \\ x_2 \\ x_3 \end{pmatrix} = \begin{pmatrix} 2 \\ 8 \\ 0 \end{pmatrix} + \lambda \cdot \begin{pmatrix} 1 \\ -1 \\ 1 \end{pmatrix}.$$

Für jeden Wert des Parameters $\lambda \in \mathbb{R}$ erhält man dann eine andere Lösung:

$$\mathbf{x} = \begin{pmatrix} 3 \\ 7 \\ 1 \end{pmatrix} \text{ für } \lambda = 1, \quad \mathbf{x} = \begin{pmatrix} 1 \\ 9 \\ -1 \end{pmatrix} \text{ für } \lambda = -1, \quad \mathbf{x} = \begin{pmatrix} 2 \\ 8 \\ 0 \end{pmatrix} \text{ für } \lambda = 0.$$

c) **Keine Lösung:**

$$\begin{aligned} x_1 + 2x_2 - x_3 &= 1 \quad I \\ x_1 + 2x_2 - x_3 &= -1 \quad II \end{aligned}$$

Durch die Addition der Gleichungen $II - I$ ergibt sich:

$$\begin{aligned} x_1 + 2x_2 - x_3 &= 1 \quad I \\ 0 + 0 - 0 &= -2 \quad II \end{aligned}$$

Wegen $0 \neq -2$ besitzt das Gleichungssystem keine Lösung, d. h. für keinen Wert von x_1 und x_2 sind beide Gleichungen gleichzeitig erfüllt.

17.3 Allgemeines Verfahren zur Lösung von $\mathbf{A} \cdot \mathbf{x} = \mathbf{b}$ (Eliminations-Verfahren nach Gauss)

Die Lösung von linearen Gleichungssystemen $\mathbf{A} \cdot \mathbf{x} = \mathbf{b}$ mit mehr als drei Gleichungen und Variablen erhält man auf systematische Weise am besten mit Hilfe des **Eliminationsverfahrens nach Gauss**.

Wie aus den einführenden Beispielen hervorgeht, werden die Gleichungssysteme so lange umgeformt, bis sie eine sog. **Dreiecksstufenform** besitzen, bei der alle Koeffizienten unterhalb der Stufenkanten gleich Null sind.

Lässt man dabei der Einfachheit halber die Variablen $x_1, \ldots, x_n$ weg, so muss man also die erweiterte Koeffizientenmatrix $(\mathbf{A} \mid \mathbf{b})$ so lange umformen, bis sie eine **Dreiecksstufenform** besitzt wie folgt:

$$(\tilde{\mathbf{A}} \mid \tilde{\mathbf{b}}) = \left(\begin{array}{cccc|c} \underline{\tilde{a}_{11} \ldots} & \ldots & \ldots & \ldots & \tilde{b}_1 \\ 0 & \underline{|\tilde{a}_{22} \ldots} & \ldots & \ldots & \tilde{b}_2 \\ \vdots & \vdots & \ddots & \vdots & \vdots \\ 0 & 0 & \ldots & \underline{|\tilde{a}_{rr} \ldots} & \underline{\tilde{b}_r} \\ 0 & 0 & \ldots & 0 & \tilde{b}_{r+1} \\ \vdots & \vdots & \ldots & \vdots & \vdots \\ 0 & 0 & \ldots & 0 & \tilde{b}_m \end{array} \right).$$

Auf den Zeilenstufen stehen dabei $\tilde{a}_{11}$ und evtl. weitere Elemente, $\tilde{a}_{22}$ und evtl. weitere Elemente usw. Die Zeilenstufen können also unterschiedlich lang sein und die jeweils auf den Stufenkanten stehenden Elemente $\tilde{a}_{11}, \ldots, \tilde{a}_{rr}$ müssen natürlich von Null verschieden sein. In vielen Fällen lassen sich die Berechnungen am einfachsten durchführen, wenn gilt: $\tilde{a}_{11} = \ldots = \tilde{a}_{rr} = 1$.

Mit Hilfe dieser Umformungen erhält man somit das vereinfachte Gleichungssystem $\tilde{\mathbf{A}} \cdot \mathbf{x} = \tilde{\mathbf{b}}$, aus dem sich durch Auflösung nach den Variablen $x_1, \ldots, x_n$ und sukzessivem Einsetzen der berechneten Werte von **unten** nach **oben** die Lösung ergibt. Diese Vorgehensweise wird unmittelbar klar, wenn man die folgenden Beispiele nachvollzieht.

Die Umformungen werden ausschließlich mit den folgenden **Zeilentransformationen** durchgeführt:

a. Vertauschen von zwei Zeilen
b. Multiplikation einer Zeile mit einer Zahl $\lambda \neq 0$
c. Addition des λ-Fachen einer Zeile zu einer anderen Zeile.

Die Zeilentransformationen entsprechen den Multiplikationen und Additionen von Gleichungen, die man zur Elimination von Variablen durchführt.

17.4 Lösbarkeit des Gleichungssystems $\mathbf{A} \cdot \mathbf{x} = \mathbf{b}$

a. Das Gleichungssystem $\mathbf{A} \cdot \mathbf{x} = \mathbf{b}$ besitzt nur dann eine Lösung, falls in der Dreiecksstufenmatrix $(\tilde{\mathbf{A}} \mid \tilde{\mathbf{b}})$ gilt: $\tilde{b}_{r+1} = \ldots = \tilde{b}_m = 0$. Es müssen also alle Koeffizienten unter dem Begrenzungsstrich gleich Null sein.

b. Besitzt das vereinfachte Gleichungssystem $\tilde{\mathbf{A}} \cdot \mathbf{x} = \tilde{\mathbf{b}}$

i. **weniger Gleichungen** als **Unbekannte**, so setzt man für die **nicht** auf den Stufenkanten stehenden Variablen die Parameter $\lambda_1, \lambda_2, \ldots$ ein. Es existieren dann **unendlich** viele Lösungen.

ii. **genauso viele Gleichungen** wie **Unbekannte**, so existiert eine **eindeutige** Lösung.

17.5 Beispiele

a) Gegeben ist das Gleichungssystem

$$\begin{array}{rcrcrcl} 2x_1 & + & 2x_2 & + & 4x_3 & = & 4 \\ x_1 & + & x_2 & - & 2x_3 & = & 2 \\ 3x_1 & - & x_2 & + & 4x_3 & = & 0 \end{array}$$

Als Koeffizientenmatrix **A** und Konstantenvektor **b** ergeben sich hier:

$$\mathbf{A} = \begin{pmatrix} 2 & 2 & 4 \\ 1 & 1 & -2 \\ 3 & -1 & 4 \end{pmatrix} \quad \text{und} \quad \mathbf{b} = \begin{pmatrix} 4 \\ 2 \\ 0 \end{pmatrix}.$$

Um das Gleichungssystem zu lösen, wird nun die erweiterte Koeffizientenmatrix $(\mathbf{A} \mid \mathbf{b})$ mit Hilfe von Zeilentransformationen so lange umgeformt, bis sich eine Dreiecksstufenmatrix ergibt:

$$(\mathbf{A} \mid \mathbf{b}) = \left(\begin{array}{ccc|c} 2 & 2 & 4 & 4 \\ 1 & 1 & -2 & 2 \\ 3 & -1 & 4 & 0 \end{array}\right) \underset{\frac{1}{2}I}{\longrightarrow} \left(\begin{array}{ccc|c} 1 & 1 & 2 & 2 \\ 1 & 1 & -2 & 2 \\ 3 & -1 & 4 & 0 \end{array}\right) \underset{II-I,\, III-3I}{\longrightarrow}$$

$$\longrightarrow \left(\begin{array}{ccc|c} 1 & 1 & 2 & 2 \\ 0 & 0 & -4 & 0 \\ 0 & -4 & -2 & -6 \end{array}\right) \underset{II \longleftrightarrow III}{\longrightarrow} \left(\begin{array}{ccc|c} 1 & 1 & 2 & 2 \\ 0 & -4 & -2 & -6 \\ 0 & 0 & -4 & 0 \end{array}\right) \longrightarrow$$

$$\underset{-\frac{1}{4}II,\, -\frac{1}{4}III}{\longrightarrow} \left(\begin{array}{ccc|c} \underline{1} & 1 & 2 & 2 \\ 0 & \underline{1} & \frac{1}{2} & \frac{3}{2} \\ 0 & 0 & \underline{1} & 0 \end{array}\right) = (\tilde{\mathbf{A}} \mid \tilde{\mathbf{b}}).$$

Das vereinfachte Gleichungssystem $\tilde{\mathbf{A}} \cdot \mathbf{x} = \tilde{\mathbf{b}}$ hat also die Form:

$$\begin{array}{rcrcrcl} x_1 & + & x_2 & + & 2x_3 & = & 2 \\ & & x_2 & + & \frac{1}{2}x_3 & = & \frac{3}{2} \\ & & & & x_3 & = & 0 \end{array}.$$

Es gibt hier genauso viele Gleichungen wie Unbekannte; die Lösung ist also eindeutig.

Man erhält diese Lösungen durch Auflösen nach den Variablen x_1, x_2, x_3 und sukzessives Einsetzen von **unten** nach **oben** wie folgt:

$$\begin{aligned} x_1 &= 2 - x_2 - 2x_3 &&= 2 - \tfrac{3}{2} - 0 &&= \tfrac{1}{2} \\ x_2 &= \tfrac{3}{2} - \tfrac{1}{2}x_3 &&= \tfrac{3}{2} &&= \tfrac{3}{2}. \\ x_3 &= 0 &&= 0 &&= 0 \end{aligned}$$

Damit ergibt sich $\mathbf{x} = \begin{pmatrix} x_1 \\ x_2 \\ x_3 \end{pmatrix} = \begin{pmatrix} \frac{1}{2} \\ \frac{3}{2} \\ 0 \end{pmatrix} = \frac{1}{2}\begin{pmatrix} 1 \\ 3 \\ 0 \end{pmatrix}$.

Durch Einsetzen der Lösung $\mathbf{x}$ in die Gleichung $\mathbf{A} \cdot \mathbf{x} = \mathbf{b}$ kann man sehr leicht überprüfen, ob der Lösungsvektor $\mathbf{x}$ richtig berechnet wurde:

$$\mathbf{A} \cdot \mathbf{x} = \begin{pmatrix} 2 & 2 & 4 \\ 1 & 1 & -2 \\ 3 & -1 & 4 \end{pmatrix} \cdot \begin{pmatrix} \frac{1}{2} \\ \frac{3}{2} \\ 0 \end{pmatrix} = \begin{pmatrix} 4 \\ 2 \\ 0 \end{pmatrix} = \mathbf{b}.$$

b) Gegeben ist das Gleichungssystem

$$\begin{aligned} -2x_1 - 4x_2 + 2x_3 &= 4 \\ 3x_1 + 3x_2 &= 0 \\ -2x_1 - x_2 - x_3 &= -2 \end{aligned}$$

Als Koeffizientenmatrix **A** und Konstantenvektor **b** ergeben sich hier:

$$\mathbf{A} = \begin{pmatrix} -2 & -4 & 2 \\ 3 & 3 & 0 \\ -2 & -1 & -1 \end{pmatrix} \text{ und } \mathbf{b} = \begin{pmatrix} 4 \\ 0 \\ -2 \end{pmatrix}.$$

Die erweiterte Koeffizientenmatrix $(\mathbf{A} \mid \mathbf{b})$ wird nun wieder mit Zeilentransformationen in eine Dreiecksstufenmatrix umgeformt wie folgt:

$$(\mathbf{A} \mid \mathbf{b}) = \left(\begin{array}{ccc|c} -2 & -4 & 2 & 4 \\ 3 & 3 & 0 & 0 \\ -2 & -1 & -1 & -2 \end{array}\right) \underset{-\frac{1}{2}I}{\longrightarrow}$$

$$\rightarrow \left(\begin{array}{ccc|c} 1 & 2 & -1 & -2 \\ 3 & 3 & 0 & 0 \\ -2 & -1 & -1 & -2 \end{array}\right) \underset{II - 3I\,,\,III + 2I}{\longrightarrow}$$

$$\rightarrow \left(\begin{array}{ccc|c} 1 & 2 & -1 & -2 \\ 0 & -3 & 3 & 6 \\ 0 & 3 & -3 & -6 \end{array}\right) \underset{III + II}{\longrightarrow} \left(\begin{array}{ccc|c} 1 & 2 & -1 & -2 \\ 0 & -3 & 3 & 6 \\ 0 & 0 & 0 & 0 \end{array}\right) \underset{-\frac{1}{3}II}{\longrightarrow}$$

$$\rightarrow \left(\begin{array}{ccc|c} \underline{1} & 2 & -1 & -2 \\ 0 & |\underline{1} & \underline{-1} & \underline{-2} \\ 0 & 0 & 0 & 0 \end{array}\right) = (\tilde{\mathbf{A}} \mid \tilde{\mathbf{b}}).$$

Das vereinfachte Gleichungssystem $\tilde{\mathbf{A}} \cdot \mathbf{x} = \tilde{\mathbf{b}}$ besitzt die Form:

$$\begin{array}{rcrcrcr} x_1 & + & 2x_2 & - & x_3 & = & -2 \\ & & x_2 & - & x_3 & = & -2 \end{array}$$

Es gibt hier 2 Gleichungen mit 3 Unbekannten; die Lösung ist also mehrdeutig und es gibt unendlich viele Lösungen.

Man erhält diese Lösungen, indem man für die nicht auf einer Stufenkante liegende Variable $x_3 = \lambda$ setzt:

$$\begin{array}{lcl} x_1 &=& -2 - 2x_2 + x_3 = -2 - 2\cdot(-2+\lambda) + \lambda = 2 - \lambda \\ x_2 &=& -2 + x_3 = -2 + \lambda = -2 + \lambda \\ x_3 &=& \lambda = \lambda = \lambda \end{array}$$

Die Lösung hat somit die Form:

$$\mathbf{x} = \begin{pmatrix} x_1 \\ x_2 \\ x_3 \end{pmatrix} = \begin{pmatrix} 2 \\ -2 \\ 0 \end{pmatrix} + \lambda \cdot \begin{pmatrix} -1 \\ 1 \\ 1 \end{pmatrix} \text{ mit } \lambda \in \mathbb{R}.$$

17.6 Bemerkung

Wird eine Matrix $\mathbf{A}$ mit Hilfe von Zeilentransformationen in eine Dreiecksstufenmatrix $\tilde{\mathbf{A}}$ umgeformt, so benützt man gelegentlich die folgende Bezeichnung:

Rang von A $= r(\mathbf{A}) =$ Anzahl der Zeilen von $\tilde{\mathbf{A}}$, in denen **mindestens** ein von Null verschiedenes Element vorkommt.

Mit Hilfe des Rangs $r(\mathbf{A})$ der Matrix $\mathbf{A}$ kann man folgende Aussagen machen:

a. $r(\mathbf{A})$ = Anzahl der linear unabhängigen Zeilenvektoren von $\mathbf{A}$

b. Das lineare Gleichungssystem $\mathbf{A} \cdot \mathbf{x} = \mathbf{b}$ besitzt nur dann eine Lösung, falls gilt:

$$r(\mathbf{A} \mid \mathbf{b}) = r(\mathbf{A})$$

c. Ist das lineare Gleichungsystem $\mathbf{A} \cdot \mathbf{x} = \mathbf{b}$ mit m Gleichungen und n Unbekannten lösbar, so gibt es:

i. eine **eindeutige** Lösung bei $r(\mathbf{A}) = n$

ii. **unendlich viele** Lösungen bei $r(\mathbf{A}) < n$.

Eine ausführlichere Beschreibung des Eliminationsverfahrens nach Gauß findet sich in [1], [2] und [6].

18 Determinanten

18.1 Definition

Die Determinante einer Matrix **A** ist eine reelle Zahl, die man dieser Matrix zuordnet, d. h.

$$\mathbf{A} \longrightarrow \det \mathbf{A} \in \mathbb{R}.$$

Determinanten sind grundsätzlich nur für $(n \times n)$-Matrizen definiert.

Bei der Berechnung der Determinanten betrachten wir hier nur die Regeln für (2×2)- und (3×3)-Matrizen:

Für (2×2)-Matrizen gilt:

$$\det \mathbf{A} = \det \begin{pmatrix} a_{11} & a_{12} \\ a_{21} & a_{22} \end{pmatrix} = \begin{vmatrix} a_{11} & a_{12} \\ a_{21} & a_{22} \end{vmatrix} = a_{11} \cdot a_{22} - a_{21} \cdot a_{12}\,.$$

Für (3×3)-Matrizen gilt die **Regel von Sarrus**:

$$\det \mathbf{A} = \det \begin{pmatrix} a_{11} & a_{12} & a_{13} \\ a_{21} & a_{22} & a_{23} \\ a_{31} & a_{32} & a_{33} \end{pmatrix} = \begin{vmatrix} a_{11} & a_{12} & a_{13} \\ a_{21} & a_{22} & a_{23} \\ a_{31} & a_{32} & a_{33} \end{vmatrix} \begin{matrix} a_{11} & a_{12} \\ a_{21} & a_{22} \\ a_{31} & a_{32} \end{matrix}$$

$$= a_{11}a_{22}a_{33} + a_{12}a_{23}a_{31} + a_{13}a_{21}a_{32} - a_{12}a_{21}a_{33} - a_{11}a_{23}a_{32} - a_{13}a_{22}a_{31}.$$

det **A** ergibt sich hier also aus der
Summe der Produkte der 3 Hauptdiagonalen abzüglich der
Summe der Produkte der 3 Gegendiagonalen.

Beispiele:

$$\det \begin{pmatrix} 1 & -2 \\ 3 & -1 \end{pmatrix} = 1 \cdot (-1) - (-2) \cdot 3 = -1 + 6 = 5$$

$$\det\begin{pmatrix} 3 & -3 \\ 2 & -2 \end{pmatrix} = 3\cdot(-2) - 2\cdot(-3) = -6+6 = 0$$

$$\det\begin{pmatrix} 1 & -1 & 0 \\ 2 & 3 & 2 \\ 1 & 0 & -4 \end{pmatrix} = \left|\begin{array}{ccc|cc} 1 & -1 & 0 & 1 & -1 \\ 2 & 3 & 2 & 2 & 3 \\ 1 & 0 & -4 & 1 & 0 \end{array}\right.$$

$$= 1\cdot 3\cdot(-4) + (-1)\cdot 2\cdot 1 + 0\cdot 2\cdot 0 - (-1)\cdot 2\cdot(-4) - 1\cdot 2\cdot 0 - 0\cdot 3\cdot 1 =$$
$$= -12 - 2 + 0 - 8 - 0 - 0 = -22.$$

Hinweis:
Es wurde hier nur die Berechnung von Determinanten für (2×2)- und (3×3)-Matrizen beschrieben. Für Matrizen mit mehr als drei Zeilen und Spalten gibt es dagegen **keine** so einfache Methode.

Die Berechnung solcher Determinanten kann man stattdessen mit dem sog. **Determinanten-Entwicklungssatz** von **Laplace** durchführen. Eine ausführliche Beschreibung dieser Regel findet sich z.B. in [2], [6] und [7].

18.2 Anwendungsmöglichkeiten von Determinanten

Determinanten werden in der linearen Algebra auf vielfältige Weise eingesetzt. Wir betrachten hier nur zwei nützliche Anwendungsmöglichkeiten:

a. Lineare Unabhängigkeit von Vektoren:

Um zu untersuchen, ob die Vektoren $\mathbf{a}_1, \ldots, \mathbf{a}_n \in \mathbb{R}^n$ linear unabhängig sind, bildet man die Matrix $\mathbf{A} = (\mathbf{a}_1, \ldots, \mathbf{a}_n)$. Gilt dann:

i. $\det \mathbf{A} \neq 0$, so sind die Vektoren $\mathbf{a}_1, \ldots, \mathbf{a}_n$ **linear unabhängig** und bilden eine **Basis** des $\mathbb{R}^n$

ii. $\det \mathbf{A} = 0$, so sind die Vektoren $\mathbf{a}_1, \ldots, \mathbf{a}_n$ **linear abhängig**.

b. Lösung von linearen Gleichungssystemen (Cramersche Regel):

Ein lineares Gleichungssystem $\mathbf{A}\cdot\mathbf{x} = \mathbf{b}$ mit n Gleichungen und n Unbekannten kann man grundsätzlich auch mit Hilfe von Determinanten lösen.

Dabei ergibt sich für $i = 1, \ldots, n$ die Unbekannte x_i einfach aus der Formel

$$x_i = \frac{\det \mathbf{A}_i}{\det \mathbf{A}} \quad \text{für } \det \mathbf{A} \neq 0.$$

$\mathbf{A}_i$ bezeichnet die $(n \times n)$-Matrix, die man erhält, wenn in der Koeffizientenmatrix $\mathbf{A}$ die i-te Spalte durch den Konstantenvektor $\mathbf{b}$ ersetzt wird.

Beispiel:

$$\begin{array}{rcrcr} x_1 & + & 3x_2 & = & 1 \\ -x_1 & + & x_2 & = & 7 \end{array} \quad \mathbf{A} = \begin{pmatrix} 1 & 3 \\ -1 & 1 \end{pmatrix}, \; \mathbf{b} = \begin{pmatrix} 1 \\ 7 \end{pmatrix}, \; \det \mathbf{A} = 1 + 3 = 4$$

Cramersche Regel:

$$x_1 = \frac{1}{\det \mathbf{A}} \cdot \det \mathbf{A}_1 = \frac{1}{4} \cdot \det \begin{pmatrix} 1 & 3 \\ 7 & 1 \end{pmatrix} = \frac{1}{4} \cdot (-20) = -5$$

$$x_2 = \frac{1}{\det \mathbf{A}} \cdot \det \mathbf{A}_2 = \frac{1}{4} \cdot \det \begin{pmatrix} 1 & 1 \\ -1 & 7 \end{pmatrix} = \frac{1}{4} \cdot 8 = 2$$

Das Gleichungssystem besitzt also die Lösung $\mathbf{x} = \begin{pmatrix} x_1 \\ x_2 \end{pmatrix} = \begin{pmatrix} -5 \\ 2 \end{pmatrix}$.

Hinweis:
Ist $\det \mathbf{A} \neq 0$, so ist die Lösung **eindeutig.**

Ist dagegen $\det \mathbf{A} = 0$, so gibt es zwei Möglichkeiten:

a. es existiert **keine** Lösung, wie z. B. beim Gleichungssystem

$$\begin{array}{rcrcr} x_1 & + & x_2 & = & 1 \\ x_1 & + & x_2 & = & 2 \end{array}$$

b. es existieren **unendlich** viele Lösungen, wie z. B. beim Gleichungssystem

$$\begin{array}{rcrcr} x_1 & + & x_2 & = & 1 \\ 2x_1 & + & 2x_2 & = & 2 \end{array}$$

18.3 Rechenregeln für Determinanten

Für die $(n \times n)$-Matrizen $\mathbf{A}$, $\mathbf{B}$ gilt:

a. $\det \mathbf{A} = \det \mathbf{A}'$ **b.** $\det(\mathbf{A} \cdot \mathbf{B}) = \det \mathbf{A} \cdot \det \mathbf{B}$

c. $\det(\lambda \cdot \mathbf{A}) = \lambda^n \cdot \det \mathbf{A}$ **d.** $\det \mathbf{E} = 1.$

19 Inverse Matrizen

19.1 Definition

Zu jeder reellen Zahl $a \neq 0$ existiert eine inverse Zahl $a^{-1} = \frac{1}{a}$, so dass gilt:

$$a \cdot a^{-1} = a \cdot \frac{1}{a} = 1.$$

Dies entspricht der Division einer Zahl a durch sich selbst.

Für Matrizen gibt es nun die folgende entsprechende Regel:
Zu jeder $(n \times n)$-Matrix $\mathbf{A}$ mit $\det \mathbf{A} \neq 0$ existiert eine **inverse** Matrix $\mathbf{A}^{-1}$, so dass gilt:

$$\mathbf{A} \cdot \mathbf{A}^{-1} = \mathbf{A}^{-1} \cdot \mathbf{A} = \mathbf{E}.$$

19.2 Berechnung der inversen Matrix

Die Berechnung der inversen Matrix $\mathbf{A}^{-1}$ ist zwar rechenintensiv, aber im Prinzip ganz einfach und verläuft nach folgendem Schema:

$$(\mathbf{A} \,|\, \mathbf{E}) \quad \underset{\textbf{Zeilentransformationen}}{\longrightarrow} \quad (\mathbf{E} \,|\, \mathbf{A}^{-1})$$

Man erweitert also die Matrix $\mathbf{A}$ um die Einheitsmatrix $\mathbf{E}$ und wendet dann auf diese Matrix $(\mathbf{A} \,|\, \mathbf{E})$ so lange Zeilentransformationen an, bis sich die Matrix $(\mathbf{E} \,|\, \mathbf{A}^{-1})$ ergibt. Die gesuchte **inverse Matrix** $\mathbf{A}^{-1}$ steht dann automatisch hinter dem Begrenzungsstrich, falls sie überhaupt existiert.

Beispiel:

Für die Matrix $\mathbf{A} = \begin{pmatrix} 1 & 1 & 0 \\ 0 & 1 & 1 \\ 1 & 0 & 2 \end{pmatrix}$ erhält man die Inverse $\mathbf{A}^{-1}$ durch folgende Umformungen:

$$(\mathbf{A} \,|\, \mathbf{E}) = \left(\begin{array}{ccc|ccc} 1 & 1 & 0 & 1 & 0 & 0 \\ 0 & 1 & 1 & 0 & 1 & 0 \\ 1 & 0 & 2 & 0 & 0 & 1 \end{array}\right) \underset{III-I}{\longrightarrow} \left(\begin{array}{ccc|ccc} 1 & 1 & 0 & 1 & 0 & 0 \\ 0 & 1 & 1 & 0 & 1 & 0 \\ 0 & -1 & 2 & -1 & 0 & 1 \end{array}\right) \underset{III+II}{\longrightarrow}$$

$$\rightarrow \left(\begin{array}{ccc|ccc} 1 & 1 & 0 & 1 & 0 & 0 \\ 0 & 1 & 1 & 0 & 1 & 0 \\ 0 & 0 & 3 & -1 & 1 & 1 \end{array}\right) \underset{\frac{1}{3}III}{\rightarrow} \left(\begin{array}{ccc|ccc} 1 & 1 & 0 & 1 & 0 & 0 \\ 0 & 1 & 1 & 0 & 1 & 0 \\ 0 & 0 & 1 & -\frac{1}{3} & \frac{1}{3} & \frac{1}{3} \end{array}\right) \underset{II-III}{\rightarrow}$$

$$\rightarrow \left(\begin{array}{ccc|ccc} 1 & 1 & 0 & 1 & 0 & 0 \\ 0 & 1 & 0 & \frac{1}{3} & \frac{2}{3} & -\frac{1}{3} \\ 0 & 0 & 1 & -\frac{1}{3} & \frac{1}{3} & \frac{1}{3} \end{array}\right) \underset{I-II}{\rightarrow} \left(\begin{array}{ccc|ccc} 1 & 0 & 0 & \frac{2}{3} & -\frac{2}{3} & \frac{1}{3} \\ 0 & 1 & 0 & \frac{1}{3} & \frac{2}{3} & -\frac{1}{3} \\ 0 & 0 & 1 & -\frac{1}{3} & \frac{1}{3} & \frac{1}{3} \end{array}\right) = (\mathbf{E} \,|\, \mathbf{A}^{-1}).$$

Es ergibt sich somit die inverse Matrix

$$\mathbf{A}^{-1} = \begin{pmatrix} \frac{2}{3} & -\frac{2}{3} & \frac{1}{3} \\ \frac{1}{3} & \frac{2}{3} & -\frac{1}{3} \\ -\frac{1}{3} & \frac{1}{3} & \frac{1}{3} \end{pmatrix} = \frac{1}{3} \begin{pmatrix} 2 & -2 & 1 \\ 1 & 2 & -1 \\ -1 & 1 & 1 \end{pmatrix}.$$

Da für inverse Matrizen die Beziehung

$$\mathbf{A} \cdot \mathbf{A}^{-1} = \mathbf{A}^{-1} \cdot \mathbf{A} = \mathbf{E}$$

gilt, kann man leicht nachprüfen, ob die Matrix $\mathbf{A}^{-1}$ richtig berechnet wurde:

$$\mathbf{A}^{-1}\mathbf{A} = \frac{1}{3} \begin{pmatrix} 2 & -2 & 1 \\ 1 & 2 & -1 \\ -1 & 1 & 1 \end{pmatrix} \begin{pmatrix} 1 & 1 & 0 \\ 0 & 1 & 1 \\ 1 & 0 & 2 \end{pmatrix} = \frac{1}{3} \begin{pmatrix} 3 & 0 & 0 \\ 0 & 3 & 0 \\ 0 & 0 & 3 \end{pmatrix} = \begin{pmatrix} 1 & 0 & 0 \\ 0 & 1 & 0 \\ 0 & 0 & 1 \end{pmatrix} = \mathbf{E}.$$

19.3 Berechnung der Inversen für (2 × 2)-Matrizen

Für (2 × 2)-Matrizen gilt die einfache Formel:

$$\mathbf{A} = \begin{pmatrix} a & b \\ c & d \end{pmatrix} \Rightarrow \mathbf{A}^{-1} = \frac{1}{\det \mathbf{A}} \cdot \begin{pmatrix} d & -b \\ -c & a \end{pmatrix} \quad \text{für } \det \mathbf{A} \neq 0.$$

Beispiel:

$$\mathbf{A} = \begin{pmatrix} -2 & 3 \\ -2 & 1 \end{pmatrix}, \quad \det \mathbf{A} = -2 - (-6) = 4 \Rightarrow \mathbf{A}^{-1} = \frac{1}{4} \cdot \begin{pmatrix} 1 & -3 \\ 2 & -2 \end{pmatrix}.$$

19.4 Anwendungsmöglichkeiten von inversen Matrizen

Mit Hilfe von inversen Matrizen kann man z. B. lineare Gleichungssysteme mit n Gleichungen und n Unbekannten wie folgt lösen:

$$\mathbf{A}\cdot\mathbf{x}=\mathbf{b}\Rightarrow\mathbf{A}^{-1}\cdot\mathbf{A}\cdot\mathbf{x}=\mathbf{A}^{-1}\cdot\mathbf{b}\Rightarrow\mathbf{E}\cdot\mathbf{x}=\mathbf{A}^{-1}\cdot\mathbf{b}\Rightarrow\mathbf{x}=\mathbf{A}^{-1}\cdot\mathbf{b}.$$

Falls $\mathbf{A}^{-1}$ existiert, kann man hier die Gleichung $\mathbf{A}\cdot\mathbf{x}=\mathbf{b}$ von **links** mit $\mathbf{A}^{-1}$ multiplizieren, und wegen $\mathbf{A}^{-1}\cdot\mathbf{A}=\mathbf{E}$ sowie $\mathbf{E}\cdot\mathbf{x}=\mathbf{x}$ erhält man das Ergebnis:

$$\mathbf{A}\cdot\mathbf{x}=\mathbf{b}\Rightarrow\mathbf{x}=\mathbf{A}^{-1}\cdot\mathbf{b}.$$

Beispiele:

a) Gegeben ist das Gleichungssystem

$$\begin{array}{rcl} x_1 + x_2 &=& 1 \\ x_2 + x_3 &=& 1 \\ x_1 + 2x_3 &=& 3 \end{array} \Rightarrow \mathbf{A}=\begin{pmatrix}1&1&0\\0&1&1\\1&0&2\end{pmatrix},\quad \mathbf{b}=\begin{pmatrix}1\\1\\3\end{pmatrix}.$$

Als Inverse ergibt sich hier die bereits berechnete Matrix:

$$\mathbf{A}^{-1}=\frac{1}{3}\begin{pmatrix}2&-2&1\\1&2&-1\\-1&1&1\end{pmatrix}$$

und man erhält als Lösung von $\mathbf{A}\cdot\mathbf{x}=\mathbf{b}$:

$$\mathbf{x}=\mathbf{A}^{-1}\cdot\mathbf{b}=\frac{1}{3}\begin{pmatrix}2&-2&1\\1&2&-1\\-1&1&1\end{pmatrix}\cdot\begin{pmatrix}1\\1\\3\end{pmatrix}=\frac{1}{3}\begin{pmatrix}3\\0\\3\end{pmatrix}=\begin{pmatrix}1\\0\\1\end{pmatrix}.$$

b) Inverse Matrizen kann man aber auch benützen, um z. B. die folgende **allgemeine Matrizengleichung** zu lösen:

$$\begin{aligned}\mathbf{A}=\mathbf{X}\cdot\mathbf{B}+\mathbf{B} \Rightarrow \mathbf{X}\cdot\mathbf{B} &= (\mathbf{A}-\mathbf{B})\\ \Rightarrow \mathbf{X}\cdot\mathbf{B}\cdot\mathbf{B}^{-1} &= (\mathbf{A}-\mathbf{B})\cdot\mathbf{B}^{-1}\\ \Rightarrow \mathbf{X}\cdot\mathbf{E} &= \mathbf{A}\cdot\mathbf{B}^{-1}-\mathbf{B}\cdot\mathbf{B}^{-1}\\ \Rightarrow \mathbf{X} &= \mathbf{A}\cdot\mathbf{B}^{-1}-\mathbf{E}.\end{aligned}$$

Die Gleichung $\mathbf{X}\cdot\mathbf{B}=(\mathbf{A}-\mathbf{B})$ wird hier also von **rechts** mit der Inversen $\mathbf{B}^{-1}$ multipliziert – falls $\mathbf{B}^{-1}$ existiert – und es gelten wieder die Beziehungen

$$\mathbf{B}\cdot\mathbf{B}^{-1}=\mathbf{E}\ \text{ und }\ \mathbf{X}\cdot\mathbf{E}=\mathbf{X}.$$

c) Beim sogenannten Leontief-Modell wird die Verflechtungsstruktur einer Volkswirtschaft untersucht. Dabei ergibt sich die Gleichung

$$\mathbf{y} = \mathbf{q} - \mathbf{A} \cdot \mathbf{q},$$

wobei $\mathbf{y}$ den Verbrauchsvektor, $\mathbf{q}$ den Produktionsvektor und $\mathbf{A}$ die Strukturmatrix bezeichnen. Durch Umformung erhält man

$$\mathbf{y} = \mathbf{q} - \mathbf{A} \cdot \mathbf{q} = \mathbf{E} \cdot \mathbf{q} - \mathbf{A} \cdot \mathbf{q} = (\mathbf{E} - \mathbf{A}) \cdot \mathbf{q}$$

und daraus durch Multiplikation von **links** mit der Inversen $(\mathbf{E} - \mathbf{A})^{-1}$ – falls diese existiert – die Gleichung

$$\mathbf{q} = (\mathbf{E} - \mathbf{A})^{-1} \cdot \mathbf{y}.$$

Mit den beiden Gleichungen lassen sich dann folgende Fragen beantworten:

a. Welche Nachfrage $\mathbf{y}$ ist bei einer geplanten Produktion $\mathbf{q}$ zu erwarten?

b. Wie groß muss die Produktion $\mathbf{q}$ sein, damit die Nachfrage $\mathbf{y}$ befriedigt werden kann?

19.5 Rechenregeln für inverse Matrizen

a. $(\mathbf{A}^{-1})^{-1} = \mathbf{A}$ **b.** $(\mathbf{A}')^{-1} = (\mathbf{A}^{-1})'$

c. $(\mathbf{A} \cdot \mathbf{B})^{-1} = \mathbf{B}^{-1} \cdot \mathbf{A}^{-1}$ **d.** $\det \mathbf{A}^{-1} = \dfrac{1}{\det \mathbf{A}}$

e. $(\lambda \cdot \mathbf{A})^{-1} = \dfrac{1}{\lambda} \cdot \mathbf{A}^{-1}$ **f.** $\mathbf{E}^{-1} = \mathbf{E}.$

Hinweis:
Es sollen nun noch einige typische Fehler angesprochen werden, die häufig im Umgang mit der Inversenbildung und der Matrizenmultiplikation gemacht werden:

a) $\mathbf{A}^{-1} \neq \dfrac{1}{\mathbf{A}}$;
die Division einer **Zahl** durch eine **Matrix** ist nicht definiert.

b) $(\mathbf{A} - \mathbf{B})^{-1} \neq \mathbf{A}^{-1} - \mathbf{B}^{-1}$;
die Inverse muss auf die hier beschriebene Weise berechnet werden.

c) $\mathbf{A} \cdot \mathbf{x} - \mathbf{x} \neq (\mathbf{A} - 1) \cdot \mathbf{x}$;
die Subtraktion **Matrix** – **Zahl** ist nicht definiert. Richtig ist stattdessen:
$\mathbf{A} \cdot \mathbf{x} - \mathbf{x} = \mathbf{A} \cdot \mathbf{x} - \mathbf{E} \cdot \mathbf{x} = (\mathbf{A} - \mathbf{E}) \cdot \mathbf{x}.$

20 Lineare Programmierung

Die **Lineare Programmierung** wird sehr häufig zur Lösung betriebswirtschaftlicher Entscheidungsprobleme benützt. Man versteht darunter ein mathematisches Verfahren, bei dem eine **lineare** Zielfunktion unter **linearen** Nebenbedingungen (= Restriktionen) maximiert bzw. minimiert wird. Dieses Optimierungsverfahren wird am besten anhand eines konkreten Beispiels erklärt.

Beispiel:
Ein Betrieb stellt zwei Produkte P_1 und P_2 her. Dabei werden die Maschinen A, B und C benützt, die natürlich nicht beliebig lange eingesetzt werden können.

Aus der folgenden Tabelle kann man entnehmen, wie viel Stunden man auf den Maschinen A, B, C arbeiten muss, um jeweils ein Stück von P_1 und P_2 herzustellen und wie lange die Maschinen pro Woche höchstens zur Verfügung stehen.

Maschinen	Bearbeitungszeiten pro Stück		maximale Maschinenlaufzeiten pro Woche
	P_1	P_2	
A	3	2	240
B	1	1	90
C	0	1	60

Will man nun x_1 Stück von Produkt P_1 und x_2 Stück von Produkt P_2 herstellen, so ergeben sich folgende Ungleichungen:

$$\begin{aligned} 3x_1 + 2x_2 &\leq 240 && \text{für Maschine } A \\ x_1 + x_2 &\leq 90 && \text{für Maschine } B \\ x_2 &\leq 60 && \text{für Maschine } C \end{aligned}$$

sowie natürlich die **Nichtnegativitätsbedingungen** $x_1 \geq 0,\ x_2 \geq 0$.

Aus diesen Ungleichungen erhält man den sogenannten **zulässigen Bereich** M auf grafische Weise wie folgt:

Löse die Ungleichungen jeweils nach x_2 auf:

$$\begin{aligned} x_2 &\leq 120 - \frac{3}{2}x_1 \\ x_2 &\leq 90 - x_1 \\ x_2 &\leq 60 \end{aligned}$$

Diese drei Ungleichungen beschreiben jeweils einen Bereich, der **unterhalb** der Grenzgeraden

$$\begin{aligned} x_2 &= 120 - \frac{3}{2}x_1 \\ x_2 &= 90 - x_1 \\ x_2 &= 60 \end{aligned}$$

liegt. Wegen $x_1 \geq 0,\ x_2 \geq 0$ kann man sich dabei auf den ersten Quadranten des x_1x_2-Koordinatensystems beschränken.

Als Durchschnittsmenge dieser Bereiche erhält man den **zulässigen Bereich** M. Er enthält alle Kombinationen von x_1 und x_2, die auf den Maschinen A, B und C realisiert werden können.

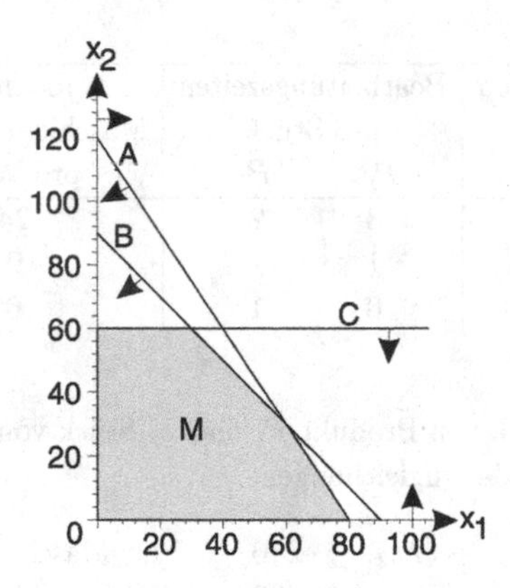

Das Ziel des Betriebes besteht natürlich in der Regel darin, einen möglichst hohen Gewinn zu erzielen. Nimmt man an, dass bei der Herstellung von je einem Stück der Produkte P_1 bzw. P_2 ein Gewinn von 0,50 € bzw. 1 € erzielt wird, so entsteht bei der Produktion von x_1 bzw. x_2 Stück ein Gewinn von $\frac{1}{2} \cdot x_1 + 1 \cdot x_2$.

Das Optimierungsproblem besteht jetzt darin, eine Kombination von Stückzahlen (x_1, x_2) zu finden, für die die **Zielfunktion** (hier die Gewinnfunktion)

$$z = \frac{1}{2}x_1 + x_2$$

einen **maximalen** Wert annimmt. Dabei muss natürlich berücksichtigt werden, dass (x_1, x_2) im zulässigen Bereich M liegt, also die Produktion von x_1 bzw. x_2 Stück der Produkte P_1 bzw. P_2 auf den Maschinen A, B und C tatsächlich realisiert werden kann.

Ein solches **LP-Problem** (= Lineares Programmierungsproblem) schreibt man üblicherweise in der Form:

$$z = \frac{1}{2}x_1 + x_2 \rightarrow \max$$

unter den Nebenbedingungen

$$\begin{array}{rcrcll} 3x_1 & + & 2x_2 & \leq & 240 & (I) \\ x_1 & + & x_2 & \leq & 90 & (II) \\ & & x_2 & \leq & 60 & (III) \\ & & x_1,\, x_2 & \geq & 0 & \end{array}$$

Die Lösung dieses LP-Problems ermitteln wir auf **grafische Weise**, indem wir die Zielfunktion für den Wert $z_0 = 0$ einzeichnen. Diese Gerade wird dann bei dem vorliegendem Beispiel so lange parallel verschoben, bis sie nur noch auf einem **oberen Randpunkt** des zulässigen Bereichs M liegt:

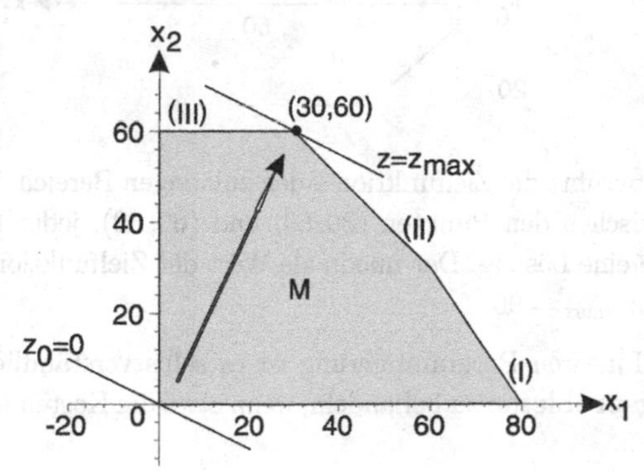

Das Maximum der Zielfunktion wird hier im Punkt $(x_1, x_2) = (30, 60)$ angenommen und der maximale Wert der Zielfunktion beträgt

$$z_{\max} = \frac{1}{2} \cdot 30 + 60 = 75.$$

Ein LP-Problem kann grundsätzlich auch **unendlich viele** Lösungen besitzen, wie das folgende Beispiel zeigt, bei dem die Zielfunktion modifiziert wurde:

$$z = x_1 + x_2 \to \max$$

unter den Nebenbedingungen

$$\begin{array}{rcrcrl} 3x_1 & + & 2x_2 & \leq & 240 & (I) \\ x_1 & + & x_2 & \leq & 90 & (II) \\ & & x_2 & \leq & 60 & (III) \\ & & x_1, x_2 & \geq & 0 & \end{array}$$

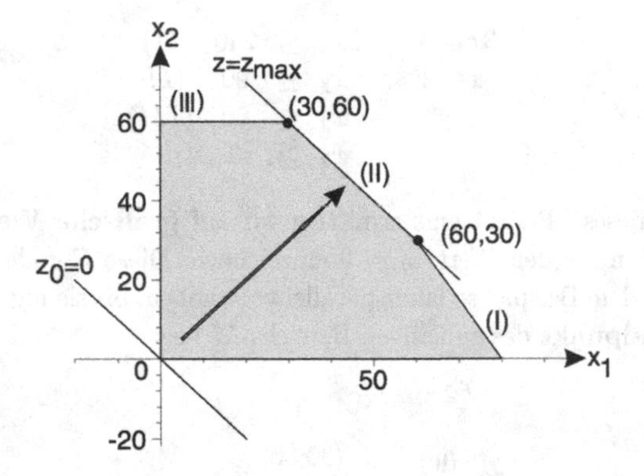

In diesem Fall berührt die Zielfunktion z den zulässigen Bereich M auf der gesamten Strecke zwischen den Punkten $(30, 60)$ und $(60, 30)$; jeder Punkt auf dieser Strecke ist also eine Lösung. Der maximale Wert der Zielfunktion beträgt für alle diese Lösungen: $z_{\max} = 90$.

Mit Hilfe der Linearen Programmierung ist es selbstverständlich auch möglich, **Minimierungsprobleme** zu behandeln, wenn etwa die Kosten minimiert werden sollen.

Beispiel: $z = x_1 + 2x_2 \to \min$

unter den Nebenbedingungen

$$\begin{array}{rcrcll} 4x_1 & + & x_2 & \geq & 6 & (I) \\ x_1 & + & x_2 & \geq & 3 & (II) \\ x_1 & + & 4x_2 & \geq & 6 & (III) \\ & & x_1, x_2 & \geq & 0 & \end{array}$$

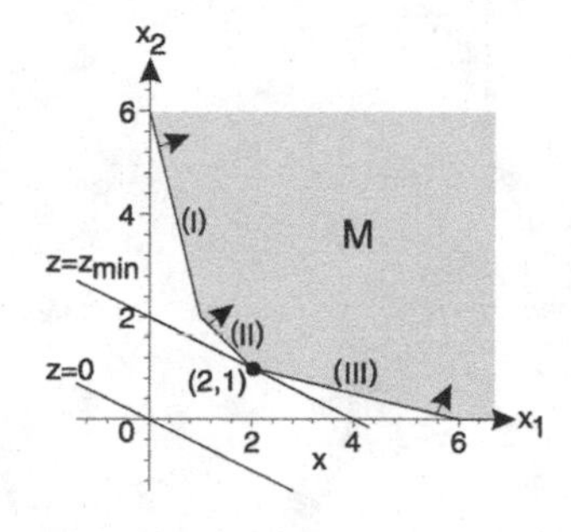

Bei diesem Minimierungsproblem muss man natürlich die Zielfunktion für $z = 0$ so lange parallel verschieben, bis sie nur noch auf einem **unteren Randpunkt** des zulässigen Bereichs M liegt. Das Minimum der Zielfunktion wird hier im Punkt $(x_1, x_2) = (2, 1)$ angenommen und der minimale Wert der Zielfunktion beträgt

$$z_{min} = 2 + 2 \cdot 1 = 4.$$

Hinweis:

Mit den hier beschriebenen Beispielen soll lediglich eine kurze Einführung in die Problemstellung der Linearen Programmierung und deren Lösung auf **grafische Weise** gegeben werden. Falls sich keine ganzzahlige Lösung ergibt, die man aus der Zeichnung ablesen kann, so berechnet man einfach die Schnittpunkte der betreffenden Grenzgeraden.

Bei LP-Problemen mit mehr als zwei Variablen ist dagegen eine grafische Lösung natürlich nicht mehr sinnvoll. Man benützt stattdessen das sog. **Simplex-Verfahren**, das hier nur kurz skizziert werden soll.

Da eine Lösung des LP-Problems – falls sie überhaupt existiert – immer mindestens auf einer Ecke des zulässigen Bereichs M liegt, werden diese Ecken systematisch untersucht. Ausgehend von einem Startpunkt wird die Zielfunktion schrittweise verbessert, bis eine **optimale** Lösung erreicht ist.

Eine ausführliche Beschreibung des Simplex-Verfahrens sowie weiterer Spezialfälle bei LP-Problemen findet man z.B. in [2], [4] und [7].

Beispiel [illegible] $+ 2x_2 \to \min$

unter den Nebenbedingungen

[illegible]

[illegible] Das Minimum der Zielfunktion [illegible]

[illegible]

Hinweis:

Mit den hier beschriebenen [illegible] Lösung auf grafische Weise [illegible]

[illegible]

[illegible] Simplex-Verfahren [illegible]

[illegible]

Teil II

Aufgaben

1 Arithmetik

1. Vereinfachen Sie die folgenden Brüche soweit wie möglich:

   a. $\dfrac{12x-15y}{10y-8x}$ **b.** $1-\dfrac{1}{1-\frac{1}{x}}$ **c.** $\dfrac{\frac{x}{y}-1}{1-\frac{1}{y}}$

   d. $\dfrac{1}{\frac{1}{x}+\frac{1}{y}}$ **e.** $\dfrac{x+x^2}{x^2-1}$ **f.** $\dfrac{\frac{x}{y}-\frac{y}{x}}{\frac{1}{x}+\frac{1}{y}}$

2. Vereinfachen Sie die folgenden Potenzen und Wurzeln soweit wie möglich:

   a. $\sqrt[5]{x^{15}}$ **b.** $\dfrac{1}{\sqrt[3]{x}}$ **c.** $x\cdot\sqrt{ax}$

   d. $(-x^3)^3$ **e.** $(-x^3)^4$ **f.** $(-x)^4\cdot(-x^4)$

   g. $(-2)^{10}\cdot\left(-\frac{1}{2}\right)^{12}$ **h.** $2^x\cdot\left(\frac{5}{2}\right)^x$ **i.** $2x\cdot\sqrt[3]{x^2}$

   j. $\sqrt[4]{\sqrt[5]{x^2}}$ **k.** $x^2\cdot\sqrt[n]{x}$ **l.** $(x-y)^2-(y-x)^2$

   m. $(x^{\frac{1}{2}}-x^{-\frac{1}{2}})^2$

3. Bestimmen Sie die Lösungen der folgenden Gleichungen:

   a. $x^2+x-6=0$ **b.** $2x^2-8x+6=0$

   c. $x^2+x+2=0$ **d.** $x^2+2x+1=0$

   e. $x-\sqrt{x}-2=0$ **f.** $x^4-10x^2+9=0$

4. Schreiben Sie die folgenden Funktionen jeweils als Produkt von zwei Faktoren:

   a. $f(x)=x^2+x-2$ **b.** $f(x)=x^2-3$

   c. $f(x)=x^2+\frac{1}{2}x-3$ **d.** $f(x)=x^2+2x-2$

   e. $f(x)=2x^2-2x-12$ **f.** $f(x)=x^4-3x^2+2$

5. Bestimmen Sie die reellwertigen Lösungen folgender Exponentialgleichungen:

a. $x^5 = 1$ **b.** $x^6 = 1$ **c.** $x^3 = 64$ **d.** $x^3 = -64$

e. $x^4 = 16$ **f.** $x^9 = 3$ **g.** $x^{0.1} = 2$ **h.** $x^{-0.4} = 4$

i. $x^{1.5} = 5$ **j.** $x^{-2.1} = 2$

6. Lösen Sie die folgenden Gleichungen nach x auf:

a. $\frac{2}{x} - 2 = \frac{1}{x}$ **b.** $\frac{1}{x-1} - \frac{2}{x+1} = 0$

c. $x^2 - 3x = -2$ **d.** $(2x-1)(2x+1) = 7$

e. $(x+1)^2 + (x-2)^2 = 5$ **f.** $x^2 - ax = -1$

g. $\frac{1}{x-1} + \frac{2}{x-1} = 1$ **h.** $\frac{1}{x^2} - \frac{2}{x} - 3 = 0$

i. $\sqrt{x} - 1 = 4$ **j.** $\sqrt{x-9} = 4$

k. $\frac{\sqrt{x}+1}{\sqrt{x}+2} = \frac{\sqrt{x}-2}{\sqrt{x}-3}$ **l.** $x^3 - 2x = 0$

m. $\frac{x-1}{x-2} = \frac{x+5}{x+2}$ **n.** $\sqrt{x-1} + \sqrt{x} = 1$

7. Bestimmen Sie die Lösungen der folgenden linearen Gleichungssysteme
a) mit Hilfe der Gleichsetzungsmethode
b) auf grafische Weise

a. $\begin{aligned} x_1 + x_2 &= -4 \\ x_1 - x_2 &= 2 \end{aligned}$ **b.** $\begin{aligned} 2x_1 - 3x_2 &= -6 \\ x_1 + 2x_2 &= 4 \end{aligned}$

c. $\begin{aligned} 2x_1 + 4x_2 &= 2 \\ 2x_1 - 2x_2 &= -10 \end{aligned}$ **d.** $\begin{aligned} x_1 + 2x_2 &= -4 \\ -2x_1 - 4x_2 &= 8 \end{aligned}$

e. $\begin{aligned} 2x_1 - x_2 &= 2 \\ -4x_1 + 2x_2 &= 4 \end{aligned}$ **f.** $\begin{aligned} -6x_1 - 3x_2 &= 9 \\ 4x_1 + 2x_2 &= 6 \end{aligned}$

g. $\begin{aligned} 2x_1 - 6x_2 &= 6 \\ -3x_1 + 9x_2 &= -9 \end{aligned}$ **h.** $\begin{aligned} x_1 + 2x_2 &= 4 \\ 2x_1 - x_2 &= 4 \\ -x_1 + 2x_2 &= 2 \end{aligned}$

2 Mengen

1. Stellen Sie die folgenden Mengen in der Form $\{x \mid x \text{ hat die Eigenschaft } ...\}$ dar. Geben Sie dafür möglichst einfache Beispiele an.

   a. $A = \{2, 4, 8, 16, 32\}$
   b. $B = \{11, 13, 17, 19, 23, 29\}$
   c. $C = \{0, 1, 4, 9, 16\}$
   d. $D = \{0, \frac{1}{2}, \frac{2}{3}, \frac{3}{4}, \ldots, \frac{9}{10}\}$
   e. $E = \{-1, -3, -5, -7, -9\}$
   f. $F = \{1, -\frac{1}{2}, \frac{1}{3}, -\frac{1}{4}, ...\}$

2. Geben Sie die folgenden Mengen in aufzählender Form an:
   a. $A = \{x \in \mathbb{N} \mid -5 \leq x \leq 6\}$
   b. $B = \{x \in \mathbb{N} \mid 10 < x \leq 20,\ x \text{ gerade}\}$
   c. $C = \{x \in \mathbb{N} \mid \frac{x}{2} < 7\}$
   d. $D = \{x \in \mathbb{N} \mid x^2 \leq 10\}$
   e. $E = \{x \in \mathbb{N} \mid 3x \text{ geradzahlig}\}$
   f. $F = \{x \in \mathbb{N} \mid \frac{x}{2} \text{ geradzahlig}\}$

3. Gegeben sind die Mengen
   $A = \{1, 2, 3, 4, 5\}$, $B = \{2, 4, 6, 8, 10\}$, $C = \{8, 9, 10\}$ und $M = \{1, 2, \ldots, 10\}$.
   Bilden Sie daraus die folgenden Mengen:

   a. $A \cap B$
   b. $A \cup B$
   c. $B \cap \overline{C}_M$
   d. $A \cap (B \setminus C)$
   e. $\overline{(A \cup B)}_M$
   f. $\overline{((A \cup B) \cap C)}_M$

4. Gegeben sind die Mengen

   $A = \{x \in \mathbb{R} \mid x > 1\}$
   $B = \{x \in \mathbb{R} \mid x^2 \geq 1\}$
   $C = \{x \in \mathbb{R} \mid \sqrt{x} < 4\}$
   $D = \{x \in \mathbb{R} \mid x^2 + x - 12 = 0\}$

   a. Stellen Sie fest, welche der folgenden Aussagen richtig sind!

   $A \subset B$, $C \subset B$, $D \subset A$, $D \subset B$.

b. Berechnen Sie die folgenden Mengen:

$A \cap B$, $A \cap C$, $A \cap D$, $B \cup C$, $A \cup B$,

$D \setminus A$, $C \setminus A$, $C \setminus D$, $A \setminus B$, $B \setminus A$,

$\overline{C}_{\mathbb{R}}$, $\overline{D}_{\mathbb{R}}$, $\overline{D}_{\mathbb{N}}$, $\overline{A}_{\mathbb{N}}$.

5. Gegeben sind die Mengen
$A = \{1,3,5,7,9\}$, $B = \{2,4,6,8\}$ und $C = \{5,6,7,8,9\}$.

a. Bestimmen Sie die Mengen
$A \cap C$, $B \cup C$, $(A \cup B) \setminus C$, $\overline{C}_{A \cup B}$ und $\overline{(A \cup B)}_{\mathbb{N}}$.

b. Bestimmen Sie eine Grundmenge G, so dass gilt: $\overline{(A \cup B)}_G = \{10, 11, 12\}$.

6. Gegeben sind die Mengen $A = \{1,2,3\}$, $B = \{0,1,2\}$ und $C = \{1,a\}$.
Bestimmen Sie die folgenden Produktmengen:
$A \times B$, $B \times C$, $A \times (A \cap B) \times C$ und $C \times \mathbb{N}$.
Welche Mächtigkeit besitzt die Menge $C \times \mathbb{N}$?

7. Gegeben sind die Mengen
$A = \{1,2,3,4,5\}$, $B = \{1,3,5\}$, $C = \{(1,2),(3,4)\}$ und $D = \emptyset$.
Berechnen Sie die folgenden Mächtigkeiten:

a. $|B \times C|$ **b.** $|A \times C|$

c. $|A \times D|$ **d.** $|(B \cap D) \cup A|$

e. $|(A \setminus B) \cup (B \setminus A)|$

8. Welche der folgenden Aussagen sind wahr?

a. $\{(1,0)\} \cup \{(0,1)\} = \{(1,0)\}$

b. $\{(1,0)\} \cup \{(0,1)\} = \{(1,0,0,1)\}$

c. $\{(1,0)\} \cup \{(0,1)\} = \{(1,0) \times (0,1)\}$

d. $\{(1,0)\} \cup \{(0,1)\} = \{(0,1),(1,0)\}$

e. $\{(1,0)\} \cup \{(0,1)\} = \{\{(1,0),(0,1)\}\}$

9. Gegeben sind die Mengen $A = \{0,1,2\}$, $B = \{2,3\}$, $C = \{1,2\}$ und $D = \{2\}$.
Berechnen Sie jeweils

a. $(A \times B) \setminus (B \times C)$, **b.** $(A \times C) \setminus (A \times D)$,

c. $(A \times B) \cap (A \times D)$, **d.** $(B \times C) \cup (C \times D)$,

e. $(D \times D) \setminus (B \times C)$.

10. Eine Autofirma verkaufte im letzten Jahr 73 % ihrer Autos mit Metallic-Lack und 29 % mit Alu-Felgen. 18 % der Autos wurden ohne diese Extras in der Grundausstattung geliefert.
Wie viel Prozent der Autos besaßen Metallic-Lack und Alu-Felgen?

11. Die Marktanalyse einer Kaugummifabrik ergab: 64 % der Befragten mögen Pfefferminzaroma, 3 % mögen sowohl Pfefferminz- als auch Anisgeschmack und 20 % mögen nur Fruchtgeschmack. 2 % der Befragten gaben an, nie Kaugummi zu kauen.
Wie viel Prozent der Befragten entschieden sich für den Anisgeschmack?

12. Von allen Uni-Absolventen des letzten Semesters sind 56 % Frauen. 7 % der Absolventen streben eine Promotion an. Die Frauen mit Promotionsplänen machen 1 % aller Absolventen aus.
Wie viel Prozent sind Männer ohne Promotionsabsicht?

3 Ungleichungen und Absolutbeträge

1. Stellen Sie die folgenden Intervalle auf der Zahlengeraden dar:

a. $[-1,3[$ **b.** $]\frac{1}{3},\infty[$

c. $]-\infty,-2]$ **d.** $|x|>3$

e. $|x|\leq 2$ **f.** $|x-1|\geq\frac{1}{2}$

g. $\mathbb{R}\setminus]-3,1]$ **h.** $\mathbb{R}\setminus\{x\mid x^2<3\}$

2. Bestimmen Sie die Lösungsmenge folgender Ungleichungen:

a. $x+5<2x-3$ **b.** $18x-3x^2>0$

c. $(x+1)^2(x-3)>0$ **d.** $(1+x)^2>1+2x$

e. $\dfrac{(x+3)}{(x-2)}<0$ **f.** $-x<\dfrac{1-2x}{x}$

g. $5-x<(5-x)^2$ **h.** $x^2+x-6<2x+6$

i. $\dfrac{2x-1}{2x-3}+1<0$ **j.** $\dfrac{3}{x^2+5}>\dfrac{1}{1+x}$

k. $\dfrac{x-1}{x+5}>\dfrac{x-3}{x-1}$ **l.** $\dfrac{3x}{3+x}+\dfrac{2x}{3-x}>1$

m. $x < \sqrt{x}$ **n.** $\sqrt{x^2-1}-1<0$

o. $(-x)^5 \cdot (-x)^9 < 0$ **p.** $3 < 2x - 1 < 8$

q. $-1 < x^2 - 1 < 1$ **r.** $-2x < x^2 + 1 < 2x$

3. Stellen Sie die folgenden Gleichungen in betragsfreier Form dar und bestimmen Sie jeweils die Lösungen:

a. $|x+2|+3=2$ **b.** $|3x+1|=2$

c. $|x^2+2x+1|=1$ **d.** $|x^2-4|=4$

e. $|x^2-6x+8|=3$ **f.** $|x-1|-|x|=0$

g. $2|x|+|x+1|=4$ **h.** $2|x-1|+|x-3|=5$

i. $|x|-x=0$

4 Funktionen einer Variablen

1. Ermitteln Sie für die folgenden Funktionen den Definitionsbereich D_f, und bestimmen Sie die Nullstellen und Grenzwerte dieser Funktionen. Skizzieren Sie jeweils den Verlauf der Funktionen.

a. $f(x) = \sqrt{x^2-36}$ **b.** $f(x) = \dfrac{1}{x^2-36}$ **c.** $f(x) = \dfrac{1}{\sqrt{x^2-36}}$

2. Berechnen Sie die Grenzwerte der folgenden Funktionen:

a. $\lim\limits_{x\to\pm\infty} \dfrac{x^2+1}{x}$ **b.** $\lim\limits_{x\to 0} \dfrac{x^2+1}{x}$

c. $\lim\limits_{x\to\pm\infty} \dfrac{x-1}{x+1}$ **d.** $\lim\limits_{x\to -1} \dfrac{x-1}{x+1}$

e. $\lim\limits_{x\to\pm\infty} \dfrac{x}{x^3+1}$ **f.** $\lim\limits_{x\to -1} \dfrac{x}{x^3+1}$

g. $\lim\limits_{x\to 1} \dfrac{x^2+2x-3}{x-1}$ **h.** $\lim\limits_{x\to 4} \dfrac{x^2-8x+16}{x^2-6x+8}$

3. Bestimmen Sie jeweils den Definitionsbereich und die Nullstellen der folgenden Funktionen. Untersuchen Sie dabei das Verhalten der Funktionen an den Grenzen des Definitionsbereichs und skizzieren Sie den Verlauf dieser Funktionen:

a. $f(x) = \dfrac{x+1}{x^2-1}$ b. $f(x) = \dfrac{x}{x^2-1}$

c. $f(x) = \dfrac{x}{2x^2+1}$ d. $f(x) = \dfrac{1}{x-1} + \dfrac{1}{x}$

e. $f(x) = \dfrac{x^2+3x-4}{-x-4}$

4. Bestimmen Sie die Gleichung der Geraden, die
   a. durch die Punkte $P_1(2,5)$ und $P_2(-1,-1)$ verläuft,
   b. durch den Punkt $P(2,-2)$ verläuft und die Nullstelle $x_N = \dfrac{1}{2}$ besitzt,
   c. die Steigung $m = 3$ besitzt und die y-Achse bei $y_0 = -1$ schneidet,
   d. die Steigung $m = -1$ besitzt.
5. Bestimmen Sie alle Parabeln, die
   a. bei $(x_0, y_0) = (1,0)$ einen Scheitelpunkt besitzen,
   b. bei $x_{N_1} = -1$ und $x_{N_2} = 2$ Nullstellen besitzen und die y-Achse bei $y_0 = -4$ schneiden,
   c. an der Stelle $x_0 = 1$ die Steigung $m_0 = 1$ und and der Stelle $x_1 = -1$ die Steigung $m_1 = 3$ besitzen.

5 Die Ableitung einer Funktion

1. Berechnen Sie jeweils die erste Ableitung für die folgenden Funktionen:

a. $f(x) = a^2 + 5a^2x^2 - x^5$ b. $f(x) = (2x^2 - x)^2$

c. $f(x) = x(x^2 + b)$ d. $f(x) = \dfrac{1}{x} + \dfrac{1}{\sqrt{x}} + \dfrac{1}{\sqrt[3]{x}}$

e. $f(x) = \sqrt{x^2+1}$ f. $f(x) = \dfrac{ax}{x^2+1}$

g. $f(x) = (x+2)^2 \cdot (x+1)^{-1}$ h. $f(x) = \dfrac{(x-2)^2}{(x+2)^2}$

i. $f(x) = 2\sqrt{ax-b}$ j. $f(x) = x^2\sqrt{x}$

k. $f(x) = \dfrac{\sqrt{x}}{x}$ l. $f(x) = \dfrac{(x-1)^2}{x}$

m. $f(x) = \dfrac{(x-3)}{(x-2)^2}$ n. $f(x) = \dfrac{1}{(a^2x-b)^3}$

o. $f(x) = \dfrac{1}{(x^2+2x+1)}$ p. $f(x) = \dfrac{1}{(1+\sqrt{x})^2}$

2. Es seien f, g, h differenzierbare Funktionen. Berechnen Sie die Ableitungen der zusammengesetzten Funktionen:

   a. $k(x) = f(a + b^2x)$ **b.** $k(x) = \dfrac{1}{g(x) + bf(x)}$

   c. $k(x) = \sqrt{a^2f(x) + b}$ **d.** $k(x) = f(g(x) + a)$

6 Funktionen von zwei Variablen

1. Gegeben sind die Funktionen

   a. $f(x, y) = xy$ **b.** $f(x, y) = (x - 2)(\sqrt{y} - 1)$

   c. $f(x, y) = x^2 - 2xy + y^2$ **d.** $f(x, y) = (x + 1)^2 + (y - 2)^2$

   e. $f(x, y) = \dfrac{x}{y}$ **f.** $f(x, y) = \dfrac{x}{x - y}$

   g. $f(x, y) = \ln(-xy)$ **h.** $f(x, y) = \ln(x^2 + y + 1)$

   i. $f(x, y) = x^{0.2} \cdot y^{0.4}$ **j.** $f(x, y) = x^{0.1} \cdot y^{-0.5}$

   a) Bestimmen Sie den Definitionsbereich dieser Funktionen.
   b) Untersuchen Sie diese Funktionen auf Homogenität.
   c) Bestimmen Sie jeweils die Gleichungen der Indifferenzkurven (= Höhenlinien) an diese Funktionen zum Niveau $z_0 = 0$ und $z_1 = 1$.
   d) Ermitteln Sie die partiellen Ableitungen dieser Funktionen.

2. Bestimmen Sie die partiellen Ableitungen folgender Funktionen:

   a. $f(x, y) = x^2y$ **b.** $f(x, y) = \dfrac{1}{x^2 + y^2}$

   c. $f(x, y) = (x^2 - 1) \cdot (y - \dfrac{1}{2})$ **d.** $f(x, y) = 2y \ln x^2$

   e. $f(x, y) = \dfrac{xy}{x + y}$

3. Untersuchen Sie für die folgenden Produktionsfunktionen $z = f(x, y)$, um wie viel ME sich der Output z_0 näherungsweise ändert, wenn man die Faktoreinsatzmengen x_0 um dx und y_0 um dy erhöht:

   a. $f(x, y) = (x - 2) \cdot (y - 4)$ für $(x_0, y_0) = (3, 5)$ und $dx = 1$, $dy = 1$,

b. $f(x,y) = xy^2$ für $(x_0, y_0) = (2,2)$ und $dx = 2$, $dy = -2$,

c. $f(x,y) = \sqrt{x^2 + y^2}$ für $(x_0, y_0) = (2,2)$ und $dx = 1$, $dy = 2$,

d. $f(x,y) = \dfrac{xy}{x+y}$ für $(x_0, y_0) = (2,2)$ und $dx = 4$, $dy = 4$.

Berechnen Sie dazu jeweils

- die exakte Funktionsdifferenz Δf sowie
- die Näherung mit Hilfe des totalen Differentials df.

4. Gegeben sind die Produktionsfunktionen

a. $z = f(x,y) = xy^2$ für $(x_0, y_0) = (1,2)$,

b. $z = f(x,y) = (x-1) \cdot (y-2)$ für $(x_0, y_0) = (2,4)$,

c. $z = f(x,y) = 4\sqrt{x} \cdot y$ für $(x_0, y_0) = (2,6)$.

Berechnen Sie jeweils die Grenzrate der Substitution, und geben Sie an, um wie viel ME man die Faktoreinsatzmenge y_0 vermindern kann, wenn man die Faktoreinsatzmenge x_0 um eine ME erhöht.

7 Umkehrfunktion, zusammengesetzte Funktion

1. Stellen Sie fest, in welchen Bereichen die folgenden Funktionen streng monoton wachsend bzw. streng monoton fallend sind:

a. $f(x) = \dfrac{1}{x}$ **b.** $f(x) = \dfrac{1}{(x-2)^2}$ **c.** $f(x) = (x-1)^3$

d. $f(x) = \dfrac{1}{x^2-1}$ **e.** $f(x) = \dfrac{1}{x^2+1}$ **f.** $f(x) = \dfrac{x}{x^2+1}$

2. Gegeben sind die Funktionen $f : D_f \to \mathbb{R}$ und $g : D_g \to \mathbb{R}$

a. $f(x) = x^2 - 1$ $g(x) = \sqrt{x}$

b. $f(x) = \dfrac{1}{x}$ $g(x) = \sqrt{x}$

c. $f(x) = \dfrac{1}{x}$ $g(x) = \dfrac{1}{x}$

d. $f(x) = \dfrac{1}{x}$ $g(x) = x - 1$

e. $f(x) = \dfrac{2}{x-3}$ $\qquad g(x) = x^2 + 1$

f. $f(x) = ax + b$ $\qquad g(x) = \sqrt{x}$

Untersuchen Sie jeweils, ob die zusammengesetzten Funktionen $g(f(x))$ und $f(g(x))$ definiert sind, und berechnen Sie gegebenenfalls die Abbildungsvorschriften.

3. Gegeben sind die Funktionen $f : D_f \to \mathbb{R}$

a. $f(x) = -\dfrac{1}{x}$ $\qquad$ b. $f(x) = 2x + 1$

c. $f(x) = -x^2 + 1$ $\qquad$ d. $f(x) = x^3$

e. $f(x) = \dfrac{1-x}{x-2}$ $\qquad$ f. $f(x) = \sqrt{x} + 1$

g. $f(x) = \dfrac{1}{ax+b}$

Untersuchen Sie jeweils, ob die Umkehrfunktion f^{-1} existiert, und berechnen Sie diese gegebenenfalls. Geben Sie dabei den Definitions- und Wertebereich der Funktion f^{-1} an.

8 Exponential- und Logarithmusfunktion

1. Bestimmen Sie den Definitionsbereich und die Nullstellen folgender Funktionen, und untersuchen Sie das Verhalten der Funktionen an den Grenzen des Definitionsbereichs:

a. $f(x) = \ln(x+1)$ $\qquad$ b. $f(x) = \ln(\sqrt{x} + 1)$

c. $f(x) = \ln(x^2 + 1)$ $\qquad$ d. $f(x) = -\ln(-2x)$

e. $f(x) = \ln(\ln x)$ $\qquad$ f. $f(x) = \ln \dfrac{x}{x+1}$

2. Berechnen Sie die folgenden Grenzwerte:

a. $\lim\limits_{x \to \pm\infty} 4(1 - e^{-x})$ $\qquad$ b. $\lim\limits_{x \to \pm\infty} \dfrac{5}{1 + e^{-2x}}$

c. $\lim\limits_{x \to 1} \dfrac{e^x - 1}{x - 1}$ $\qquad$ d. $\lim\limits_{x \to -\infty} \dfrac{e^x - 1}{x - 1}$

e. $\lim\limits_{x \to \pm\infty} \ln(e^x + 1)$

3. Bestimmen Sie die erste Ableitung der folgenden Funktionen:

a. $f(x) = \ln(-2x)$

b. $f(x) = \ln(\ln x)$

c. $f(x) = \ln(e^{-ax})$

d. $f(x) = \ln \dfrac{x}{x^2-1}$

e. $f(x) = 6 \cdot \dfrac{\ln(ax)}{x}$

f. $f(x) = \ln(\sqrt{ax^2+b})$

g. $f(x) = xe^{-ax}$

h. $f(x) = \dfrac{5}{e^{2x}+1}$

i. $f(x) = \dfrac{e^x}{e^x+1}$

j. $f(x) = \dfrac{\ln x}{\ln x + 1}$

k. $f(x) = (2x-1)e^{x+1}$

l. $f(x) = (1+x^2) \cdot e^{-x}$

4. Bestimmen Sie die Parameter a und b so, dass die Funktion

a. $f(x) = ae^{-b(x-1)}$
durch den Punkt $P(1, 2)$ verläuft und dort die Steigung $m = 1$ besitzt,

b. $f(x) = \dfrac{be^{ax}}{1+e^{ax}}$
durch den Punkt $P(0, 1)$ verläuft und dort die Steigung $m = 2$ besitzt.

5. Bestimmen Sie die Lösungsmenge folgender Gleichungen durch Anwendung der Rechenregeln für die Exponential- und Logarithmusfunktion. Beachten Sie dabei den jeweils zugrundeliegenden Definitionsbereich:

a. $\ln(\sqrt{x}-1) + \ln(\sqrt{x}+1) = 0$

b. $\ln(x) + \ln(-x) = 1$

c. $\ln(e^{4x+3}) = e^{\ln(-2x)}$

d. $\ln\left(\dfrac{1}{\sqrt{x}}\right) = 2$

e. $\ln(2-x) + \ln(x) = 0$

f. $\ln x + \ln x^2 + \ln x^3 = 2$

g. $(\ln\sqrt{x})^2 = \ln x^2$

h. $(\ln x)^2 + 5\ln x = 6$

i. $\dfrac{\ln \frac{x}{2}}{\ln \frac{1}{2}} = 4$

j. $e^{\frac{1}{2}\ln 16} = 2 - x$

k. $\dfrac{1}{2}e^x = e^{\frac{1}{2}x}$

l. $e^{\sqrt{x}} \cdot e^{\sqrt{x}} = e^{x^2}$

m. $\left(\dfrac{e^x}{e^2}\right)^2 = e^x$

n. $\dfrac{e^{x^2+4}}{e^{4x}} = 1$

o. $e^x \cdot e^{x^2} = 1$

p. $\dfrac{e^x}{e^x+1} = 2$

q. $2^x = 3$ **r.** $2^x \cdot 3^x = 4$

s. $2^x = 4^x$ **t.** $2^{x+1} = 3^x$

9 Kurvendiskussion

1. Gegeben sind die Funktionen

   A. $f(x) = x(x-3)^2$ **B.** $f(x) = x - 1 + \dfrac{1}{x}$

   C. $f(x) = \dfrac{x}{x^2+1}$ **D.** $f(x) = 8xe^{-x}$

   E. $f(x) = 4 - \dfrac{5}{e^{2x}+1}$ **F.** $f(x) = (e^x - 2)^2$

   G. $f(x) = \ln(e^x + 1)$

   Bestimmen Sie jeweils
   a) den Definitionsbereich D_f sowie die Nullstellen von f,
   b) die Grenzwerte der Funktion f,
   c) die Extrema und Wendepunkte von f.
   Zeichnen Sie diese Funktionen unter Berücksichtigung der dabei erhaltenen Ergebnisse.

2. Bestimmen Sie für die folgenden Funktionen das Monotonie- und Krümmungsverhalten. Zeichnen Sie jeweils diese Funktionen.

   a. $f(x) = 9x(x+1)^2$ **b.** $f(x) = x + \dfrac{1}{x}$

   c. $f(x) = 4xe^{-2x}$ **d.** $f(x) = \dfrac{4}{e^x + 1}$

3. Stellen Sie für die folgenden Funktionen jeweils die Gleichung der Tangente an den angegebenen Stellen auf:

   a. $f(x) = x^3 - 2x$ in $x_0 = -\sqrt{2}$, $x_1 = 0$

   b. $f(x) = 1 - \dfrac{1}{x}$ in $x_0 = -2$, $x_1 = 1$

   c. $f(x) = \dfrac{x}{4} + \dfrac{1}{x} - 1$ in $x_0 = -2$, $x_1 = 1$

d. $f(x) = \ln(x+1) - x$ in $x_0 = -\frac{1}{2}$, $x_1 = 0$

4. Untersuchen Sie, ob die folgenden Funktionen umkehrbar sind, und bestimmen Sie gegebenenfalls die Umkehrfunktion $f^{-1}(x)$:

a. $f(x) = \frac{1}{e^{2x}+1}$ b. $f(x) = \ln(2x-3)$

c. $f(x) = \ln(ax+b)$ $(a > 0)$ d. $f(x) = \ln\sqrt{x}$

e. $f(x) = \ln(2x) - 1$ f. $f(x) = \ln\sqrt[b]{ax}$ $(a, b > 0)$

5. Skizzieren Sie jeweils den Verlauf der Funktionen $f(x)$ mit Hilfe der folgenden Angaben:

a. $D_f = \mathbb{R}$, Wendepunkt: $(x_W, y_W) = (0, 2)$,
$f(x)$ konvex in $]-\infty, 0[$, $f(x)$ konkav in $]0, \infty[$,
Grenzwerte: $\lim_{x\to\infty} f(x) = 4$, $\lim_{x\to-\infty} f(x) = 0$.

b. $D_f = \mathbb{R}$, Nullstelle: $x_0 = 0$,
Minimum: $(x_{min}, y_{min}) = (0, 0)$, Maximum: $(x_{max}, y_{max}) = (2, 8e^{-2})$,
$f(x)$ konvex in $]-\infty, 2-\sqrt{2}[$ und $]2+\sqrt{2}, \infty[$,
$f(x)$ konkav in $]2-\sqrt{2}, 2+\sqrt{2}[$, $f(2-\sqrt{2}) = 0,38$, $f(2+\sqrt{2}) = 0,77$.

c. $D_f = \mathbb{R} \setminus \{1\}$, Nullstelle: $x_0 = \frac{1}{2}$, $f(0) = 1$,
$f(x)$ konkav in $]-\infty, 1[$, $f(x)$ konvex in $]1, \infty[$,
Grenzwerte: $\lim_{x\to 1, x>1} f(x) \to \infty$, $\lim_{x\to 1, x<1} f(x) \to -\infty$, $\lim_{x\to\pm\infty} f(x) = 2$.

d. $D_f = \mathbb{R}$, Nullstelle: $x_0 = -2$,
Maximum: $(x_{max}, y_{max}) = (-1, -e)$, Wendepunkt: $(x_W, y_W) = (0, -2)$,
$f(x)$ konvex in $]-\infty, 0[$, $f(x)$ konkav in $]0, \infty[$,
Grenzwerte: $\lim_{x\to-\infty} f(x) \to -\infty$, $\lim_{x\to\infty} f(x) = 0$.

e. $D_f = \mathbb{R} \setminus \{-2, 2\}$, Nullstelle: $x_0 = 0$,
$f(x)$ konvex in $]-\infty, -2[$ und $]0, 2[$, $f(x)$ konkav in $]-2, 0[$ und $]2, \infty[$,
Grenzwerte: $\lim_{x\to\pm\infty} f(x) = 0$
$\lim_{x\to 2, x>2} f(x) \to -\infty$ $\lim_{x\to 2, x<2} f(x) \to \infty$
$\lim_{x\to -2, x>-2} f(x) \to -\infty$ $\lim_{x\to -2, x<-2} f(x) \to \infty$.

f. $D_f = \mathbb{R} \setminus \{-2, 2\}$, Maximum: $(x_{max}, y_{max}) = (0, 0.25)$,
$f(x)$ konvex in $]-\infty, -2[$ und $]2, \infty[$, $f(x)$ konkav in $]-2, 2[$,

Grenzwerte: $\lim\limits_{x \to \pm\infty} f(x) = 0$

$\lim\limits_{x \to 2, x > 2} f(x) \to \infty$ $\lim\limits_{x \to 2, x < 2} f(x) \to -\infty$

$\lim\limits_{x \to -2, x > -2} f(x) \to -\infty$ $\lim\limits_{x \to -2, x < -2} f(x) \to \infty.$

10 Extrema mit und ohne Nebenbedingungen

1. Bestimmen Sie die lokalen Extrema und Sattelpunkte der Funktionen

a. $f(x,y) = (x-2) \cdot (y-4)$ **b.** $f(x,y) = 2x + 6y - 6x^2 - y^2$

c. $f(x,y) = \frac{1}{3}x^3 + 4xy - 2y^2$ **d.** $f(x,y) = (x-1)^3 - 2(y+2)^3$

e. $f(x,y) = (x^2 - 9) \cdot (4 - y^2)$ **f.** $f(x,y) = y^3 + x^3 - 3y - 12x - 2$

g. $f(x,y) = x^2 - a \cdot xy + y^2$ **h.** $f(x,y) = a \cdot y \cdot (x + y)$

i. $f(x,y) = x^2 - ay^2$ **j.** $f(x,y) = xy - ax^2$

k. $f(x,y) = ax^2 - xy + ay^2$ **l.** $f(x,y) = \ln(x^2 + y + a)$

2. Berechnen Sie die möglichen Extremwerte der Funktionen

a. $f(x,y) = -x^2 - y^2 + 9$ unter der NB $y = -x + 2$,

b. $f(x,y) = xy$ unter der NB $x^2 + y^2 = 1$,

c. $f(x,y) = x + 2y$ unter der NB $\sqrt{xy} = 1$,

d. $f(x,y) = xy^2$ unter der NB $x + 2y = 10$,

e. $f(x,y) = xy$ unter der NB $x + ay = 1$,

f. $f(x,y) = x^2 + y^2$ unter der NB $y = -ax + 1$,

g. $f(x,y) = 2x + y$ unter der NB $x^2 + y^2 = 5$,

h. $f(x,y) = xy + y$ unter der NB $\ln(2x + y) = 0$.

11 Integralrechnung

1. Berechnen Sie die folgenden unbestimmten Integrale:

a. $\int (x^3 + x - 1)\,dx$, **b.** $\displaystyle\int \frac{1}{2}\sqrt{x}\,dx$,

c. $\displaystyle\int \left(\frac{1}{x^2} + \frac{1}{x^3}\right) dx$, **d.** $\displaystyle\int \frac{a^2x^3}{b^4}\,dx$,

e. $\int e^{-x}\,dx$, **f.** $\int ae^{ax}\,dx$,

g. $\displaystyle\int \frac{x^2 - 2x - 3}{\sqrt{x}}\,dx$, **h.** $\displaystyle\int \frac{3x^2 - 1}{x^3 - x}\,dx$.

2. Berechnen Sie die folgenden bestimmten Integrale:

a. $\displaystyle\int_0^1 (5x^4 + 2x)\,dx$, **b.** $\displaystyle\int_{-1}^2 (10x^4 + 3x^2)\,dx$,

c. $\displaystyle\int_0^1 \sqrt{\sqrt{\sqrt{x}}}\,dx$, **d.** $\displaystyle\int_1^8 \frac{\sqrt[3]{2x}}{9x}\,dx$,

e. $\displaystyle\int_1^3 \frac{2x+1}{x}\,dx$, **f.** $\displaystyle\int_2^4 |x-3|\,dx$,

g. $\displaystyle\int_0^3 (|x-1| + |x-2|)\,dx$, **h.** $\displaystyle\int_0^{\frac{5}{7}} e^{7x+5}\,dx$,

i. $\displaystyle\int_{-1}^1 x^2e^{-x^3}\,dx$, **j.** $\displaystyle\int_0^1 3\cdot\frac{x}{x^2+4}\,dx$,

k. $\displaystyle\int_{-1}^0 \frac{x^4}{1-x^5}\,dx$.

3. Für welche Werte von $b \in \mathbb{R}$ gilt:

a. $\displaystyle\int_0^b (4x-3)\,dx = -1$ **b.** $\displaystyle\int_0^b \frac{2x}{x^2+1}\,dx = \ln 2$

4. Geben Sie zwei verschiedene Funktionen an, für die gilt: $\displaystyle\int_0^1 xf(x)\,dx = -1$.

5. Berechnen Sie den Inhalt der Fläche F, die von den Graphen der Funktionen $f(x)$ und $g(x)$ eingeschlossen wird für

a. $f(x) = (x-1)^2 + 1$ und $g(x) = x$,

b. $f(x) = x^3$ und $g(x) = x$,

c. $f(x) = 1 - x^2$ und $g(x) = x^2 - 1$.

6. Zeichnen Sie die Fläche, die zwischen der Funktion $f(x)$ und der x-Achse liegt und von den jeweils angegebenen Geraden begrenzt wird.
Beachten Sie dabei den Unterschied zwischen dem geometrischen Flächeninhalt F_G und der Fläche F_0, die sich mit Hilfe des bestimmten Integrals ergibt.

a. $f(x) = x^3$: Geraden $x = -2$ und $x = 2$,

b. $f(x) = 4 - x^2$: Geraden $x = 0$ und $x = 2$,

c. $f(x) = e^{-2x}$: Geraden $x = 0$ und $x = 1$.

Berechnen Sie jeweils diese Flächen.

7. Berechnen Sie die folgenden uneigentlichen Integrale (falls diese existieren):

a. $\int\limits_0^1 \frac{1}{x^4}\,dx$, b. $\int\limits_1^\infty \frac{1}{x^4}\,dx$,

c. $\int\limits_0^1 \frac{1}{\sqrt{x^4}}\,dx$, d. $\int\limits_1^\infty \frac{1}{\sqrt{x^4}}\,dx$,

e. $\int\limits_{-\infty}^0 \frac{1}{1-x}\,dx$, f. $\int\limits_{-\infty}^0 \frac{x}{1+x^2}\,dx$,

g. $\int\limits_{\sqrt{\ln 3}}^\infty x e^{-x^2}\,dx$, h. $\int\limits_{-1}^0 \frac{9x^2}{3x^3+3}\,dx$.

12 Elastizitäten

1. Bestimmen Sie die Elastizitäten folgender Funktionen:

a. $f(x) = \sqrt{x - 15}$ b. $f(x) = \ln x$ c. $f(x) = \ln(x^2)$

d. $f(x) = ae^{bx}$ e. $f(x) = e^{-\sqrt{x}}$ f. $f(x) = a^{\sqrt{x}}$ $(a > 0)$

g. $f(x) = ax^n$ h. $f(x) = x \cdot \left(\frac{1}{2}\right)^x$ i. $f(x) = xe^{-x^2}$

13 Matrizen

1. Geben Sie die folgenden Matrizen explizit an:
   a. $\mathbf{A} = (a_{ij})_{(3\times4)}$ mit $a_{ij} = i + 3j$,
   b. $\mathbf{B} = (b_{ij})_{(3\times3)}$ mit $b_{ij} = i^2 - j^2$,
   c. $\mathbf{C} = (c_{ij})_{(3\times3)}$ mit $c_{ij} = i \cdot j^2$,
   d. $\mathbf{D} = (d_{ij})_{(3\times3)}$ mit $d_{ij} = i^{(j-1)}$.
2. Gegeben sind die Vektoren
$$\mathbf{a} = \begin{pmatrix} 3 \\ 2 \\ -1 \end{pmatrix}, \quad \mathbf{b} = \begin{pmatrix} 0 \\ -1 \\ 2 \end{pmatrix}, \quad \mathbf{c} = \begin{pmatrix} 3 & -2 & 0 & 4 \end{pmatrix}.$$
   Führen Sie – falls möglich – die folgenden Additionen durch:
   $\mathbf{a} + 2\mathbf{b}$, $3\mathbf{a}' + \mathbf{b}'$, $\mathbf{a} + \mathbf{b}'$, $\mathbf{a} + \mathbf{b} - \mathbf{c}'$.
3. Gegeben sind die Matrizen
$$\mathbf{A} = \begin{pmatrix} 2 & 1 \\ 0 & -1 \\ 1 & 3 \end{pmatrix}, \quad \mathbf{B} = \begin{pmatrix} 2 & 1 & 0 \\ -1 & 1 & 2 \end{pmatrix}, \quad \mathbf{C} = \begin{pmatrix} 1 & -1 \\ 0 & -1 \end{pmatrix}.$$
   Führen Sie – falls möglich – die folgenden Additionen durch:
   $\mathbf{A} + \mathbf{B}'$, $\mathbf{A}' - 2\mathbf{B}'$, $3\mathbf{B} + \mathbf{C}$,
   $\mathbf{C} + \mathbf{C}'$, $\mathbf{B} - \mathbf{B}'$, $\mathbf{B} - \mathbf{B}$.
4. Gegeben sind die Matrizen
$$\mathbf{A} = \begin{pmatrix} 1 & 1 & 2 \\ 0 & 1 & 1 \\ 0 & 1 & 2 \end{pmatrix}, \quad \mathbf{B} = \begin{pmatrix} 0 & 1 \\ 2 & -1 \\ 3 & 0 \end{pmatrix}, \quad \mathbf{C} = \begin{pmatrix} 4 & 1 & 0 \\ 0 & 5 & 0 \end{pmatrix}.$$
   a. Stellen Sie fest, welche Summen und Produkte zwischen den Matrizen **A**, **B** und **C** möglich sind, und berechnen Sie diese. Bestimmen Sie vorher die Zeilen- und Spaltenanzahl der Ergebnismatrizen.
   b. Berechnen Sie für $\mathbf{A} = (a_{ij})_{3\times3}$ und $\mathbf{B} = (b_{ij})_{3\times2}$ folgende Summen:

   i) $\sum_{i=1}^{3} a_{i1}$ ii) $\sum_{j=1}^{3} a_{2j}$ iii) $\sum_{i=1}^{3} a_{ii}$

   iv) $\sum_{i=1}^{3}\sum_{j=1}^{3} a_{ij}$ v) $\sum_{k=1}^{3} a_{3k}b_{k2}$ vi) $\sum_{i=1}^{3}\sum_{k=1}^{3} a_{ik}b_{k2}$

5. Gegeben sind die Matrizen und Vektoren

$$\mathbf{A} = \begin{pmatrix} 1 & 0 \\ -1 & 2 \\ 2 & -2 \end{pmatrix}, \quad \mathbf{B} = \begin{pmatrix} 2 & 0 & -3 \\ 1 & -2 & 0 \end{pmatrix}, \quad \mathbf{a} = \begin{pmatrix} 1 \\ -1 \\ 2 \end{pmatrix}.$$

Berechnen Sie – falls möglich – die folgenden Matrizenprodukte:

a. $\mathbf{a}' \cdot \mathbf{a}$ **b.** $\mathbf{a}' \cdot \mathbf{A}$ **c.** $\mathbf{A} \cdot \mathbf{B}$ **d.** $\mathbf{B} \cdot \mathbf{B}'$

e. $\mathbf{a} \cdot \mathbf{a}'$ **f.** $\mathbf{B} \cdot \mathbf{a} \cdot \mathbf{a}'$ **g.** $\mathbf{a}' \cdot \mathbf{A} \cdot \mathbf{a}$ **h.** $\mathbf{a}' \cdot \mathbf{a} \cdot \mathbf{A}$

6. Gegeben sind die Matrizen $\mathbf{A} = \begin{pmatrix} 1 & 2 & -1 \\ -1 & -2 & 1 \end{pmatrix}$ und $\mathbf{B} = \begin{pmatrix} 1 & a \\ a & 1 \\ 0 & 2 \end{pmatrix}$.

Bestimmen Sie den Parameter $a \in \mathbb{R}$ so, dass gilt:

a. $\mathbf{A} \cdot \mathbf{B} = \begin{pmatrix} 0 & -\frac{1}{2} \\ 0 & \frac{1}{2} \end{pmatrix}$, **b.** $(\mathbf{B}' \cdot \mathbf{B})' = \begin{pmatrix} 2 & -1 \\ -1 & 2 \end{pmatrix}$.

7. Gegeben sind die Matrix $\mathbf{A} = \begin{pmatrix} 2 & -1 & 0 \\ 1 & 3 & -2 \end{pmatrix}$ und die $(m \times n)$-Matrix $\mathbf{B}$.

Für welche Werte von m bzw. n gilt dann:

a. $\mathbf{B}' \cdot \mathbf{B}$ ist eine (3×3)-Matrix,

b. $2\mathbf{A}' - \mathbf{B}'$ ist eine (3×2)-Matrix,

c. $\mathbf{A} \cdot \mathbf{B}$ ist eine (2×1)-Matrix,

d. $\mathbf{B} \cdot \mathbf{B}'$ ist eine (1×1)-Matrix.

8. Gegeben sind die (3×2)-Matrix $\mathbf{A}$ und die $(m \times n)$-Matrix $\mathbf{B}$.
Für welche Werte von m bzw. n existieren die folgenden Matrizen?

a. $\mathbf{B} \cdot \mathbf{A} - \mathbf{A}$ **b.** $\mathbf{B} - \mathbf{A}'$

c. $\mathbf{B} \cdot \mathbf{B}' \cdot \mathbf{A}$ **d.** $\mathbf{A} \cdot \mathbf{B} \cdot \mathbf{A}'$

9. Berechnen Sie die Parameter $a, b \in \mathbb{R}$ so dass gilt:

a. $\mathbf{x}' \cdot \mathbf{A} \cdot \mathbf{x} = 0$ für $\mathbf{A} = \begin{pmatrix} 1 & a \\ -1 & 1 \end{pmatrix}$ und $\mathbf{x} = \begin{pmatrix} 1 \\ 2 \end{pmatrix}$,

• **b.** $\mathbf{x}' \cdot \mathbf{A} \cdot \mathbf{x} = 0$ für $\mathbf{A} = \begin{pmatrix} 1 & -3 \\ 0 & 2 \end{pmatrix}$ und $\mathbf{x} = \begin{pmatrix} a \\ -1 \end{pmatrix}$,

c. $\mathbf{A} \cdot \mathbf{A}' = \begin{pmatrix} 1 & 3 \\ 3 & 10 \end{pmatrix}$ für $\mathbf{A} = \begin{pmatrix} 0 & a \\ 1 & b \end{pmatrix}$.

10. Gegeben sind die Matrizen

$$\mathbf{A} = \begin{pmatrix} 2 & a_{12} & a_{13} \\ a_{21} & 4 & 5 \end{pmatrix} \text{ und } \mathbf{B} = \begin{pmatrix} 2 & -1 & 3 \\ 0 & 4 & 5 \end{pmatrix} \text{ mit } a_{12}, a_{13}, a_{21} \in \mathbb{R}.$$

Für welche Werte der Matrixkoeffizienten a_{12}, a_{13} und a_{21} gilt:

a. $\mathbf{A} \leq \mathbf{B}$, **b.** $\mathbf{A} < \mathbf{B}$, **c.** $\mathbf{A} = \mathbf{B}$, **d.** $\mathbf{A} \neq \mathbf{B}$.

14 Determinanten

1. Berechnen Sie jeweils die Determinante der folgenden Matrizen:

a. $\mathbf{A} = \begin{pmatrix} 2 & -2 \\ 1 & 4 \end{pmatrix}$ **b.** $\mathbf{B} = \begin{pmatrix} 3 & -2 \\ -4 & 1 \end{pmatrix}$ **c.** $\mathbf{C} = \begin{pmatrix} 2 & -2 \\ -3 & 3 \end{pmatrix}$

2. Berechnen Sie die folgenden Determinanten:

a. $\det \begin{pmatrix} 1 & 4 & 0 \\ 1 & 0 & -1 \\ -2 & 1 & 0 \end{pmatrix}$ **b.** $\det \begin{pmatrix} 5 & 0 & 0 \\ 0 & 2 & -1 \\ 0 & 2 & -1 \end{pmatrix}$ **c.** $\det \begin{pmatrix} 1 & 1 & 0 \\ 0 & 1 & 1 \\ -3 & 2 & 1 \end{pmatrix}$

3. Bestimmen Sie den Parameter $a \in \mathbb{R}$ so, dass gilt:

a. $\det \begin{pmatrix} a & -2 \\ 2 & -a \end{pmatrix} = 0$, **b.** $\det \begin{pmatrix} 2a & -1 \\ -1 & a \end{pmatrix} = 3$,

c. $\det \begin{pmatrix} a & 1 \\ -a & a \end{pmatrix} = 0$, **d.** $\det \begin{pmatrix} -a & -1 \\ -a & a \end{pmatrix} = -2$.

4. Gegeben sind die Matrizen $\mathbf{A} = \begin{pmatrix} 0 & 0 \\ 0 & 1 \end{pmatrix}$ und $\mathbf{B} = \begin{pmatrix} 1 & 2 \\ 1 & 7 \end{pmatrix}$.

Bestimmen Sie die Variable $\lambda \in \mathbb{R}$ jeweils so, dass gilt:

a. $\det(\mathbf{A} - \lambda\mathbf{E}) = 2$, **b.** $\det(\mathbf{B} - \lambda\mathbf{E}) = -2$.

5. Bestimmen Sie mit Hilfe der Cramerschen Regel die Lösung der folgenden Gleichungssysteme in Abhängigkeit vom Parameter a. Für welche Werte von $a \in \mathbb{R}$ existiert keine eindeutige Lösung?

a. $\begin{array}{rcrcr} 2x_1 & + & 3x_2 & = & 2 \\ 3x_1 & + & ax_2 & = & 4 \end{array}$ **b.** $\begin{array}{rcrcr} ax_1 & + & x_2 & = & 5 \\ 3x_1 & + & ax_2 & = & -3 \end{array}$

c. $\begin{array}{rcrcr} a^2x_1 & - & ax_2 & = & 0 \\ -9x_1 & + & ax_2 & = & 7 \end{array}$

15 Inverse Matrizen

1. Gegeben sind die Matrizen

$$\mathbf{A} = \begin{pmatrix} 0 & -1 \\ 1 & 1 \end{pmatrix}, \quad \mathbf{B} = \begin{pmatrix} 2 & -1 \\ 3 & -2 \end{pmatrix} \text{ und } \mathbf{C} = \begin{pmatrix} 2 & -1 \\ -2 & 1 \end{pmatrix}.$$

a. Stellen Sie fest, ob diese Matrizen invertierbar sind, und berechnen Sie gegebenenfalls die zugehörigen inversen Matrizen.

b. Stellen Sie fest, ob die Matrizen $\mathbf{A} + \mathbf{B}$ bzw. $\mathbf{A} \cdot \mathbf{C}$ invertierbar sind, und berechnen Sie gegebenenfalls diese inversen Matrizen.

2. Gegeben sind die Matrizen $\mathbf{A} = \begin{pmatrix} a & 1 \\ 2 & 1 \end{pmatrix}$ und $\mathbf{B} = \begin{pmatrix} a-1 & a \\ -1 & -a \end{pmatrix}$.

Stellen Sie fest, für welche Werte des Parameters $a \in \mathbb{R}$ jeweils die inverse Matrix existiert und berechnen Sie diese.

3. Gegeben sind die linearen Gleichungssysteme $\mathbf{Ax} = \mathbf{b}_i$ für $i = 1, 2, 3$ mit

$$\mathbf{A} = \begin{pmatrix} 2 & 2 \\ -2 & 3 \end{pmatrix} \text{ und } \mathbf{b}_1 = \begin{pmatrix} 1 \\ -1 \end{pmatrix}, \mathbf{b}_2 = \begin{pmatrix} 2 \\ 3 \end{pmatrix}, \mathbf{b}_3 = \begin{pmatrix} 0 \\ 1 \end{pmatrix}.$$

Berechnen Sie die Lösungen dieser Gleichungssysteme mit Hilfe der inversen Matrix $\mathbf{A}^{-1}$.

4. Bestimmen Sie die Matrix $\mathbf{X}$ aus der Gleichung

a. $\mathbf{AX} + 2\mathbf{A} = \mathbf{0}$ mit $\mathbf{A} = \begin{pmatrix} 2 & 0 \\ 1 & -2 \end{pmatrix}$,

b. $2\mathbf{B} + \mathbf{AX} = \mathbf{C}$ mit

$$\mathbf{A} = \begin{pmatrix} 1 & 1 \\ 1 & 2 \end{pmatrix}, \quad \mathbf{B} = \begin{pmatrix} 1 & -1 \\ -2 & 2 \end{pmatrix}, \quad \mathbf{C} = \begin{pmatrix} 4 & 2 \\ -2 & 4 \end{pmatrix}.$$

5. Vereinfachen Sie die folgenden Ausdrücke soweit wie möglich:

a. $(\mathbf{E}')^{-1}$ b. $(\mathbf{A}' \cdot \mathbf{E}^{-1})'$

c. $(\mathbf{A}^{-1} \cdot \mathbf{B}^{-1})^{-1}$ d. $(\mathbf{B}' \cdot \mathbf{A}')'$

e. $(\mathbf{B} \cdot \mathbf{A}^{-1})^{-1}$ f. $(\mathbf{A} \cdot \mathbf{B})' \cdot (\mathbf{B}' \cdot \mathbf{A}')^{-1}$

g. $(\mathbf{A} - \mathbf{E}) \cdot (\mathbf{A}^{-1} - \mathbf{E})$ h. $(\mathbf{A} - \mathbf{B}) \cdot (\mathbf{A}^{-1} + \mathbf{B}^{-1})$

6. Gegeben sind die $(n \times n)$-Matrizen **A**, **B**, **C**, **X** und die $(n \times 1)$-Vektoren **a**, **b**, **x**.
Lösen Sie – falls möglich – die folgenden Gleichungen nach **X** bzw. **x** auf:

a. $\mathbf{X} \cdot \mathbf{A} = \mathbf{B}$ b. $\mathbf{A} \cdot \mathbf{X} + \mathbf{B} = \mathbf{C}$

c. $\mathbf{A} \cdot \mathbf{X} \cdot \mathbf{A}' = \mathbf{B}$ d. $\mathbf{A} \cdot \mathbf{x} = \mathbf{b}$

e. $(\mathbf{A} \cdot \mathbf{A}') \cdot \mathbf{x} = \mathbf{A}' \cdot \mathbf{a}$ f. $\mathbf{A} \cdot \mathbf{x} - \mathbf{x} = \mathbf{b}$

g. $\mathbf{x}' \cdot (\mathbf{A} - \mathbf{B}) = \mathbf{b}'$ h. $\mathbf{x} = \mathbf{A} \cdot \mathbf{x} + \mathbf{b}$

i. $\mathbf{A} \cdot \mathbf{x} = \mathbf{b}'$

16 Lineare Gleichungssysteme

1. Vereinfachen Sie die folgenden Gleichungssysteme durch Addition der Gleichungen und bestimmen Sie daraus die jeweiligen Lösungen:

a.
$$\begin{aligned} x_1 + x_2 + x_3 &= 2 \\ x_1 + 2x_2 + x_3 &= 1 \\ 2x_1 + x_2 + x_3 &= 2 \end{aligned}$$

b.
$$\begin{aligned} x_1 + x_2 + x_3 &= 1 \\ -x_1 - x_2 - x_3 &= -1 \\ -2x_1 + 2x_2 + x_3 &= 2 \end{aligned}$$

2. Bestimmen Sie die Lösungen des folgenden linearen Gleichungssystems mit Hilfe des Eliminationsverfahrens nach Gauß:

$$\begin{aligned} x_1 + x_2 + x_3 + x_4 &= 100 \\ x_1 + x_2 - x_4 &= 0 \\ 6x_1 + 5x_2 + 12x_3 + 2x_4 &= 550 \end{aligned}$$

17 Summen und Reihen

1. Stellen Sie die folgenden Reihen auf möglichst einfache Weise mit Hilfe des Summenzeichens dar:

   a. $3+6+9+\ldots+24,$ **b.** $1+8+27+64+125,$

   c. $\frac{1}{2}-1+\frac{3}{2}-2+\frac{5}{2}-3,$ **d.** $-1+\frac{1}{3}-\frac{1}{5}+\frac{1}{7}-\frac{1}{9}.$

2. Schreiben Sie folgende Summen so um, dass die Summation mit $i=0$ beginnt

   a. $\sum_{i=3}^{10}\frac{1}{i(i+1)},$ **b.** $\sum_{i=4}^{12}\frac{i^2-1}{i},$ **c.** $\sum_{i=-5}^{8}\frac{i-2}{3^{i+1}}.$

3. Ist die folgende Aussage richtig: $\sum_{i=1}^{n}\frac{a_i}{b_i}=\frac{\sum_{i=1}^{n}a_i}{\sum_{i=1}^{n}b_i}$ (*Begründung!*)

4. Geben Sie für die folgenden Reihen jeweils das allgemeine Glied a_i an und bestimmen Sie die Summe der ersten 10 Glieder:

   a. $1+4+7+10+\ldots$ **b.** $1+4+16+64+\ldots$

   c. $-3-5-7-9-\ldots$ **d.** $1-2+4-8+\ldots$

   e. $4+4,5+5+5,5+\ldots$ **f.** $3+\frac{3}{2}+\frac{3}{4}+\frac{3}{8}+\ldots$

5. Gegeben sind die folgenden arithmetischen Reihen, für deren Glieder gilt:

   a. $a_1=2,\ d=4,\ a_n=398:$ Berechne n

   b. $a_3=10,\ a_{11}=30:$ Berechne a_1 und d

6. Gegeben sind die folgenden geometrischen Reihen, für deren Glieder gilt:

   a. $a_1=20,\ q=\sqrt{2},\ a_n=320:$ Berechne n

   b. $a_3=36,\ a_6=972:$ Berechne a_1 und q

7. Bestimmen Sie jeweils den Summenwert s der folgenden Reihen:

   a. $s=10+16+22+\ldots+310,$

b. $s = 2 + \frac{1}{4} + \frac{1}{8} + \frac{1}{16} + \ldots$

c. $s = (1,8)^{-1} + (1,8)^{-2} + (1,8)^{-3} + \ldots$

8. Berechnen Sie jeweils

   a. Wie viele Glieder der Reihe $3 + 5 + 7 + \ldots$ ergeben die Summe 440?

   b. Als wievieltes Glied der Folge 10, $9\frac{1}{3}$, $8\frac{2}{3}$, 8, ... ergibt sich $-43\frac{2}{3}$?

   c. Für welche $x \in \mathbb{R}$ gilt: $\sum_{i=1}^{\infty} \left(\frac{1}{x}\right)^{i-1} = 2$?

18 Prozentrechnung

1. Bei einer Bundestagswahl wählen 48 % aller Wahlberechtigten die Partei A, 42 % die Partei B und 10 % die Partei C.
   Wie ändern sich diese Zahlen, wenn (bei gleich hoher Wahlbeteiligung) von den ehemaligen Wählern der Partei C 15 % zu Partei A und 20 % zu Partei B überwechseln?

2. Bei einer Landtagswahl kandidieren drei Parteien und die Wahlbeteiligung liegt bei 78 %. Partei A erhält von den abgegebenen Stimmen 20 % mehr als Partei B und Partei B 10 % mehr als Partei C.

   a. Wie viel Prozent aller Wahlberechtigten wählen die Parteien A, B, C?
   b. Wie viel Prozent der abgegebenen Stimmen erhalten die drei Parteien?

3. An einer Universität gibt es 500 Physikstudenten, 40 davon sind Frauen. Für das Fach BWL haben sich dagegen 400 Männer und 550 Frauen entschieden. Wie viele Frauen müssten sich zusätzlich für das Fach Physik einschreiben, damit der Frauenanteil an beiden Fakultäten gleich groß ist?

4. Ein Bauer vererbt seinen drei Söhnen 399 Kühe. Der Älteste erhält 50 % mehr als der mittlere und dieser wiederum 50 % mehr als der jüngste Sohn. Wie viele Kühe bekommt jeder?

5. Ein Pullover kostet 69 € incl. 19 % Mehrwertsteuer. Welchen Mehrwertsteuerbetrag muss der Einzelhändler ans Finanzamt abführen?

6. Der Mehrwertsteuersatz stieg von 16 % auf 19 %. Ein Großhändler gab diese Erhöhung an seine Kunden weiter. Um wie viel Prozent stiegen seine Preise?

7. Das Basismodell eines Autoherstellers kostet jetzt 15.730 €, nachdem der Preis zuerst um 4,7 % und später nochmals um 3,9 % erhöht wurde. Wie viel kostete das Auto vor den Preiserhöhungen?

8. Ein Betrieb hat n Beschäftigte; 3 % davon sind Schwerbeschädigte.
Wie viele Schwerbeschädigte muss der Betrieb noch einstellen, damit der Anteil der Schwerbeschädigten an der Belegschaft mindestens 5 % beträgt?

9. Wie viel sind 80 % von 120 %?

19 Finanzmathematik

1. Steffi eröffnet bei einer Bank ein Konto mit dynamischer Verzinsung.
Dabei wird das angelegte Kapital im ersten Jahr mit 3 % verzinst. In den vier darauffolgenden Jahren erhöht sich dann der Zinssatz um jeweils 0,5 %.
   a. Welcher Betrag befindet sich nach Ablauf der Anlagefrist auf dem Konto, wenn Steffi zu Beginn 1.000 € einzahlt?
   b. Zu welchem festen Zinssatz p müsste Steffi ihr Anfangskapital anlegen, damit sich nach 5 Jahren derselbe Kontostand ergibt?

2. Ein Anfangskapital K_0 wird im ersten Jahr zu einem Zinssatz p_1, im zweiten Jahr zu einem Zinssatz p_2 usw. verzinst.
   a. Wie groß ist dann das Kapital K_n nach Ablauf von n Jahren?
   b. Wie hoch ist der Zinssatz p, zu dem man das Anfangskapital K_0 anlegen muss, um nach n Jahren das gleiche Endkapital K_n wie in **a.** zu erzielen?

3. Der Verkäufer eines wertvollen Kunstobjekts erhält von zwei Interessenten folgende Angebote:
   A: 50.000 € sofort, 100.000 € nach 3 und 150.000 € nach 4 Jahren
   B: 10.000 € sofort, 120.000 € nach 2 und 180.000 € nach 6 Jahren

   Für welches Angebot wird sich der Verkäufer entscheiden, wenn er kalkulatorische Zinsen von 5 % zugrunde legt?

4. Carmen zahlt den Betrag K_0 auf ihr Konto ein.
   a. Wie hoch ist der Kontostand nach n Jahren, wenn ein jährlicher Zinssatz p vereinbart wird und für jede Zinszahlung eine Kapitalertragssteuer mit

einem Steuersatz s automatisch abgezogen wird? Stellen Sie dazu eine allgemeine Formel auf!

b. Berechnen Sie den Kontostand nach 10 Jahren, falls Carmen den Betrag von 1.000 € einzahlt und die Bank jährlich 4 % Zinsen gewährt sowie die Kapitalertragssteuer in Höhe von 30 % einbehält?

c. Wie hoch wäre der Kontostand ohne Abzug von Steuern?

d. Bei welchem Steuersatz s erhöht sich der Kontostand nach 10 Jahren nur um 20 %, wenn wieder 4 % Zinsen bezahlt werden?

5. Tina legt auf einer Sparkasse zum 15.4.2003 einen Betrag von 500 € bei 3 % Zinsen jährlich an.
   Wie hoch ist der Kontostand am 11.11.2006, wenn die Zinsen **innerhalb** eines Jahres taggenau berechnet werden sollen?

6. Karl erleidet einen unverschuldeten Autounfall. Er bekommt auf die Dauer von 25 Jahren eine jährliche Rente von 7.200 € zugesprochen, die jeweils zu Jahresanfang ausbezahlt wird.
   Karl möchte sich diesen Rentenanspruch sofort auszahlen lassen. Mit welchem Abfindungsbetrag A kann er rechnen, wenn kalkulatorische Zinsen von 4 % zugrunde gelegt werden?

7. Susanne legt einen Betrag von 8.000 € bei 4 % Zinsen jährlich auf einem Festgeldkonto an. Nach Ablauf der Anlagefrist von 6 Jahren gewährt ihr die Bank einen Treuebonus von 500 €.

   a. Wie groß ist die Rendite?

   b. Wie groß müsste der Treuebonus T mindestens sein, damit Susanne eine Rendite von 6 % erzielt?

8. **a.** Boris zahlt im Jahr 2003 jeweils zu Beginn der Monate September bis Dezember den Betrag $B = 150$ € auf sein Sparkonto ein, für das 3,5 % Zinsen vereinbart werden. Wie groß ist der Kontostand am 31.12.2003?

   b. Stellen Sie eine allgemeine Formel auf für den Fall, dass Boris mit der Ratenzahlung B bereits im Januar beginnt!

9. Olaf will ein Haus bauen und nimmt dazu ein Hypothekendarlehen in Höhe von 300.000 € bei 9 % Zinsen jährlich auf. Die Hypothek soll mit gleichbleibenden jährlichen Tilgungsraten in 4 Jahren zurückbezahlt werden.

   a. Erstellen Sie den dazugehörigen Tilgungsplan!

b. Erstellen Sie einen Tilgungsplan für den Fall, dass die Hypothek mit den Tilgungsraten $T_1 = 100.000$ €, $T_2 = 60.000$ €, $T_3 = 50.000$ € sowie $T_4 = 90.000$ € zurückbezahlt wird!

10. Ein Unternehmer nimmt einen Kredit in Höhe von 1.000.000 € bei 9 % Zinsen jährlich auf. Die Rückzahlung soll so erfolgen, dass er jährlich für Tilgung und Zinsen den gleichen Betrag A aufwendet.
    a. Stellen Sie einen Tilgungsplan auf, nach dem die gesamten Schulden in vier Jahren zurückbezahlt werden!
    b. Der Unternehmer wendet jährlich den Betrag $A = 100.000$ € für die Rückzahlung auf. Nach wie viel Jahren sind die Schulden dann getilgt?

11. Die Bevölkerung eines Industriestaats verdoppelte sich in den letzten 192 Jahren. Wie hoch ist die jährliche prozentuale Zuwachsrate?

20 Lineare Programmierung

1. Gegeben ist das LP-Problem

$$z = -x_1 + 4x_2 \to \max$$

unter den Nebenbedingungen

$$\begin{array}{rcrcr} -x_1 & - & 2x_2 & \leq & -4 \\ 4x_1 & - & 3x_2 & \leq & 24 \\ 2x_1 & + & 2x_2 & \leq & 28 \\ -2x_1 & + & 3x_2 & \leq & 12 \\ x_1 & & & \leq & 8 \\ & & x_1, x_2 & \geq & 0 \end{array}$$

Zeichnen Sie den zulässigen Bereich M und bestimmen Sie die Lösung des LP-Problems auf grafische Weise! Welchen Wert besitzt dann die Zielfunktion?

2. Gegeben ist das LP-Problem

$$z = x_1 + x_2 \to \max$$

unter den Nebenbedingungen

$$\begin{array}{rcrcr} -x_1 & + & x_2 & \leq & 2 \\ x_1 & & & \leq & 5 \\ x_1 & - & x_2 & \leq & 3 \\ & & x_2 & \leq & 4 \\ -2x_1 & - & 4x_2 & \leq & -4 \\ & & x_1, x_2 & \geq & 0 \end{array}$$

a. Zeichnen Sie den zulässigen Bereich M und bestimmen Sie für die angegebene Zielfunktion die Lösung des LP-Problems.

b. Gegeben ist die Zielfunktion $z = -ax_1 + x_2 \to \max$.
Für welche Werte des Parameters a ergibt sich der Punkt $(x_0, y_0) = (2, 4)$ als einzige Lösung des LP-Problems?

3. Gegeben ist das LP-Problem

$$z = mx_1 + x_2 \to \max$$

unter den Nebenbedingungen

$$\begin{array}{rcrcr} -x_1 & + & 2x_2 & \leq & 8 \\ 3x_1 & + & 3x_2 & \leq & 30 \\ x_1 & - & 3x_2 & \leq & 6 \\ -2x_1 & - & 3x_2 & \leq & -12 \\ & & x_1, x_2 & \geq & 0 \end{array}$$

a. Bestimmen Sie die Lösung des LP-Problems auf grafische Weise für $m = \frac{1}{2}$!

b. Für welche Werte des Parameters m ist der Punkt $(x_1, x_2) = (4, 6)$ alleinige Lösung des LP-Problems?

c. Für welche Werte des Parameters m hat das LP-Problem jeweils unendlich viele Lösungen?

Teil III

Lösungen

1 Arithmetik

Aufgabe 1:

a. $-\frac{3}{2}$ **b.** $-\frac{1}{x-1}$ **c.** $\frac{x-y}{y-1}$

d. $\frac{xy}{y+x}$ **e.** $\frac{x}{x-1}$ **f.** $x-y$

Aufgabe 2:

a. x^3 **b.** $x^{-\frac{1}{3}}$ **c.** $\sqrt{ax^3}$ **d.** $-x^9$ **e.** x^{12}

f. $-x^8$ **g.** $\frac{1}{4}$ **h.** 5^x **i.** $2\sqrt[3]{x^5}$ **j.** $\sqrt[10]{x}$

k. $\sqrt[n]{x^{2n+1}}$ **l.** 0 **m.** $x-2+\frac{1}{x}$

Aufgabe 3:

a. $x_1=-3$, $x_2=2$ **b.** $x_1=3$, $x_2=1$ **c.** keine Lösung

d. $x_0=-1$ **e.** $x_0=4$ **f.** $x_{1,2}=\pm 3$, $x_{3,4}=\pm 1$

Aufgabe 4:

a. $(x+3)(x-2)$ **b.** $(x-\sqrt{3})(x+\sqrt{3})$

c. $(x+2)(x-\frac{3}{2})$ **d.** $(x+1-\sqrt{3})(x+1+\sqrt{3})$

e. $2(x+2)(x-3)$ **f.** $(x^2-1)(x^2-2)$

Aufgabe 5:

a. $x=1$ **b.** $x_{1,2}=\pm 1$ **c.** $x=4$ **d.** $x=-4$

e. $x_{1,2}=\pm 2$ **f.** $1,129$ **g.** 1.024 **h.** $x_{1,2}=\pm 0,031$

i. $2,92$ **j.** $0,718$

Aufgabe 6:

a. $x = \frac{1}{2}$

b. $x = 3$

c. $x_1 = 2,\ x_2 = 1$

d. $x_{1,2} = \pm\sqrt{2}$

e. $x_1 = 0,\ x_2 = 1$

f. $x_{1,2} = \frac{1}{2}(a \pm \sqrt{a^2 - 4})$

g. $x = 4$

h. $x_1 = -1,\ x_2 = \frac{1}{3}$

i. $x = 25$

j. $x = 25$

k. $x = \frac{1}{4}$

l. $x_1 = 0,\ x_2 = \sqrt{2},\ x_3 = -\sqrt{2}$

m. $x = 4$

n. $x = 1$

Aufgabe 7:

a. $\begin{pmatrix} x_1 \\ x_2 \end{pmatrix} = \begin{pmatrix} -1 \\ -3 \end{pmatrix}$

b. $\begin{pmatrix} x_1 \\ x_2 \end{pmatrix} = \begin{pmatrix} 0 \\ 2 \end{pmatrix}$

c. $\begin{pmatrix} x_1 \\ x_2 \end{pmatrix} = \begin{pmatrix} -3 \\ 2 \end{pmatrix}$

d. $\begin{pmatrix} x_1 \\ x_2 \end{pmatrix} = \begin{pmatrix} 0 \\ -2 \end{pmatrix} + \lambda \cdot \begin{pmatrix} 1 \\ -\frac{1}{2} \end{pmatrix}$

e. keine Lösungen

f. keine Lösungen

g. $\begin{pmatrix} x_1 \\ x_2 \end{pmatrix} = \begin{pmatrix} 3 \\ 0 \end{pmatrix} + \lambda \cdot \begin{pmatrix} 3 \\ 1 \end{pmatrix}$

h. keine Lösungen

2 Mengen

Aufgabe 1:

a. $A = \{2^n \mid n = 1, ..., 5\}$

b. $B = \{x \mid x \text{ ist Primzahl mit } 11 \leq x \leq 29\}$

c. $C = \{n^2 \mid n = 0, ..., 4\}$

d. $D = \{1 - \frac{1}{n} \mid n = 1, ..., 10\}$

e. $E = \{1 - 2n \mid n = 1, ..., 5\}$

f. $F = \{(-1)^{n+1} \cdot \frac{1}{n} \mid n \in \mathbb{N}\}$

Aufgabe 2:

a. $A = \{1, 2, 3, 4, 5, 6\}$ **b.** $B = \{12, 14, 16, 18, 20\}$

c. $C = \{1, 2, 3, ..., 13\}$ **d.** $D = \{1, 2, 3\}$

e. $E = \{2, 4, 6, ...\}$ **f.** $F = \{4, 8, 12, ...\}$

Aufgabe 3:

a. $A \cap B = \{2, 4\}$ **b.** $A \cup B = \{1, 2, 3, 4, 5, 6, 8, 10\}$

c. $B \cap \overline{C}_M = \{2, 4, 6\}$ **d.** $A \cap (B \setminus C) = \{2, 4\}$

e. $\overline{(A \cup B)}_M = \{7, 9\}$ **f.** $\overline{((A \cup B) \cap C)}_M = \{1, 2, 3, 4, 5, 6, 7, 9\}$

Aufgabe 4:

$A =]1, \infty[$ $B =]-\infty, -1] \cup [1, \infty[$ $C = [0, 16[$ $D = \{-4, 3\}$

a. $A \subset B$ $C \not\subset B$ $D \not\subset A$ $D \subset B$

b. $A \cap B =]1, \infty[$ $A \cap C =]1, 16[$

$A \cap D = \{3\}$ $B \cup C = \mathbb{R} \setminus]-1, 0[$

$A \cup B = \mathbb{R} \setminus]-1, 1[$ $D \setminus A = \{-4\}$

$C \setminus A = [0, 1]$ $C \setminus D = [0, 3[\cup]3, 16[$

$A \setminus B = \emptyset$ $B \setminus A =]-\infty, -1] \cup \{1\}$

$\overline{C}_{\mathbb{R}} =]-\infty, 0[\cup [16, \infty[$ $\overline{D}_{\mathbb{R}} = \mathbb{R} \setminus \{-4, 3\}$

$\overline{D}_{\mathbb{N}}$ nicht definiert $\overline{A}_{\mathbb{N}}$ nicht definiert

Aufgabe 5:

a. $A \cap C = \{5, 7, 9\}$ $B \cup C = \{2, 4, 5, 6, 7, 8, 9\}$

$(A \cup B) \setminus C = \{1, 2, 3, 4\}$ $\overline{C}_{A \cup B} = \{1, 2, 3, 4\}$

$\overline{(A \cup B)}_{\mathbb{N}} = \{10, 11, 12, ...\}$

b. $G = \{1, 2, 3, ..., 12\}$

Aufgabe 6:

$$\begin{aligned}
A \times B &= \{(1,0),(2,0),(3,0),(1,1),(2,1),(3,1),\\
&\quad (1,2),(2,2),(3,2)\}\\
B \times C &= \{(0,1),(1,1),(2,1),(0,a),(1,a),(2,a)\}\\
A \times (A \cap B) \times C &= \{(1,1,1),(2,1,1),(3,1,1),(1,1,a),(2,1,a),(3,1,a),\\
&\quad (1,2,1),(2,2,1),(3,2,1),(1,2,a),(2,2,a),(3,2,a)\}\\
C \times \mathbb{N} &= \{(1,1),(1,2),(1,3),...,(a,1),(a,2),(a,3),...\}\\
|C \times \mathbb{N}| &= \infty
\end{aligned}$$

Aufgabe 7:

a. 6 **b.** 10 **c.** 0 **d.** 5 **e.** 2

Aufgabe 8:

d. $\{(1,0)\} \cup \{(0,1)\} = \{(0,1),(1,0)\}$

Aufgabe 9:

a. $(A \times B) \setminus (B \times C) = \{(0,2),(0,3),(1,2),(1,3),(2,3)\}$

b. $(A \times C) \setminus (A \times D) = \{(0,1),(1,1),(2,1)\}$

c. $(A \times B) \cap (A \times D) = \{(0,2),(1,2),(2,2)\}$

d. $(B \times C) \cup (C \times D) = \{(2,1),(3,1),(2,2),(3,2),(1,2)\}$

e. $(D \times D) \setminus (B \times C) = \emptyset$

Aufgabe 10:

Autos mit Metallic-Lack und Alu-Felgen: 20 %

Aufgabe 11:

17 % der Befragten bevorzugten Anisgeschmack

Aufgabe 12:

Männer ohne Promotionsabsicht: 38 %

3 Ungleichungen und Absolutbeträge

Aufgabe 2:

a. $]8,\infty[$

b. $]0,6[$

c. $]3,\infty[$

d. $\mathbb{R}\setminus\{0\}$

e. $]-3,2[$

f. $]0,\infty[\setminus\{1\}$

g. $]-\infty,4[\cup]5,\infty[$

h. $]-3,4[$

i. $]1,\frac{3}{2}[$

j. $]-\infty,-1[\cup]1,2[$

k. $]-\infty,-5[\cup]1,4[$

l. $]-\infty,-3[\cup]\frac{3}{5},3[$

m. $]0,1[$

n. $]-\sqrt{2},-1]\cup[1,\sqrt{2}[$

o. $\emptyset$

p. $]2,\frac{9}{2}[$

q. $]-\sqrt{2},0[\cup]0,\sqrt{2}[$

r. $\emptyset$

Aufgabe 3:

a. $\mathbb{L}=\emptyset$

b. $\mathbb{L}=\left\{-1,\frac{1}{3}\right\}$

c. $\mathbb{L}=\{0,-2\}$

d. $\mathbb{L}=\{-\sqrt{8},0,\sqrt{8}\}$

e. $\mathbb{L}=\{1,5\}$

f. $\mathbb{L}=\left\{\frac{1}{2}\right\}$

g. $\mathbb{L}=\left\{-\frac{5}{3},1\right\}$

h. $\mathbb{L}=\left\{0,\frac{10}{3}\right\}$

i. $\mathbb{L}=[0,\infty[$

4 Funktionen einer Variablen

Aufgabe 1:

a. $f(x)=\sqrt{x^2-36}$, $D_f=]-\infty,-6]\cup[6,\infty[$,

Nullstellen: $x_1=-6$, $x_2=6$, $\lim\limits_{x\to\pm\infty} f(x)\to\infty$.

b. $f(x) = \dfrac{1}{x^2 - 36}$, $D_f = \mathbb{R} \setminus \{-6, 6\}$,

keine Nullstellen, $\lim\limits_{x \to \pm\infty} f(x) = 0$,

$\lim\limits_{x \to 6, x > 6} f(x) \to \infty$, $\lim\limits_{x \to 6, x < 6} f(x) \to -\infty$,

$\lim\limits_{x \to -6, x > -6} f(x) \to -\infty$, $\lim\limits_{x \to -6, x < -6} f(x) \to \infty$.

c. $f(x) = \dfrac{1}{\sqrt{x^2 - 36}}$, $D_f =]-\infty, -6[\cup]6, \infty[$, keine Nullstellen,

$\lim\limits_{x \to \pm\infty} f(x) = 0$, $\lim\limits_{x \to 6, x > 6} f(x) \to \infty$, $\lim\limits_{x \to -6, x < -6} f(x) \to \infty$.

Aufgabe 2:

a. $\lim\limits_{x \to \infty} f(x) \to \infty$, $\lim\limits_{x \to -\infty} f(x) \to -\infty$

b. $\lim\limits_{x \to 0, x > 0} f(x) \to \infty$, $\lim\limits_{x \to 0, x < 0} f(x) \to -\infty$

c. $\lim\limits_{x \to \pm\infty} f(x) = 1$

d. $\lim\limits_{x \to -1, x > -1} f(x) \to -\infty$, $\lim\limits_{x \to -1, x < -1} f(x) \to \infty$

e. $\lim\limits_{x \to \pm\infty} f(x) = 0$

f. $\lim\limits_{x \to -1, x > -1} f(x) \to -\infty$, $\lim\limits_{x \to -1, x < -1} f(x) \to \infty$

g. $\lim\limits_{x \to 1, x > 1} f(x) = 4$, $\lim\limits_{x \to 1, x < 1} f(x) = 4$

h. $\lim\limits_{x \to 4, x > 4} f(x) = 0$, $\lim\limits_{x \to 4, x < 4} f(x) = 0$

Aufgabe 3:

a. $f(x) = \dfrac{x + 1}{x^2 - 1}$, $D_f = \mathbb{R} \setminus \{-1, 1\}$, $\lim\limits_{x \to \pm\infty} f(x) = 0$,

$\lim\limits_{x \to -1, x < -1} f(x) = -\dfrac{1}{2}$, $\lim\limits_{x \to -1, x > -1} f(x) = -\dfrac{1}{2}$,

$\lim\limits_{x \to 1, x < 1} f(x) \to -\infty$, $\lim\limits_{x \to 1, x > 1} f(x) \to \infty$.

b. $f(x) = \frac{x}{x^2-1}$, $D_f = \mathbb{R} \setminus \{-1, 1\}$, $\lim\limits_{x\to\pm\infty} f(x) = 0$,

$\lim\limits_{x\to-1, x<-1} f(x) \to -\infty$, $\lim\limits_{x\to-1, x>-1} f(x) \to \infty$,

$\lim\limits_{x\to1, x<1} f(x) \to -\infty$, $\lim\limits_{x\to1, x>1} f(x) \to \infty$.

c. $f(x) = \frac{x}{2x^2+1}$, $D_f = \mathbb{R}$, $\lim\limits_{x\to\pm\infty} f(x) = 0$.

d. $f(x) = \frac{1}{x-1} + \frac{1}{x}$, $D_f = \mathbb{R} \setminus \{0, 1\}$, $\lim\limits_{x\to\pm\infty} f(x) = 0$,

$\lim\limits_{x\to0, x<0} f(x) \to -\infty$, $\lim\limits_{x\to0, x>0} f(x) \to \infty$,

$\lim\limits_{x\to1, x<1} f(x) \to -\infty$, $\lim\limits_{x\to1, x>1} f(x) \to \infty$.

e. $f(x) = \frac{x^2+3x-4}{-x-4}$, $D_f = \mathbb{R} \setminus \{-4\}$,

$\lim\limits_{x\to-4, x<-4} f(x) = 5$, $\lim\limits_{x\to-4, x>-4} f(x) = 5$,

$\lim\limits_{x\to-\infty} f(x) \to \infty$, $\lim\limits_{x\to\infty} f(x) \to -\infty$.

Aufgabe 4:

a. $f(x) = 2x + 1$ **b.** $f(x) = -\frac{4}{3}x + \frac{2}{3}$

c. $f(x) = 3x - 1$ **d.** $f(x) = -x + (x_0 + y_0)$

Aufgabe 5:

a. $f(x) = a(x-1)^2$ **b.** $f(x) = 2(x^2 - x - 2)$

c. $f(x) = a + 2x - \frac{1}{2}x^2$

5 Die Ableitung einer Funktion

Aufgabe 1:

a. $f'(x) = 10a^2x - 5x^4$ **b.** $f'(x) = 2x \cdot (2x-1) \cdot (4x-1)$

c. $f'(x) = 3x^2 + b$

d. $f'(x) = -\frac{1}{x^2} - \frac{1}{2}\frac{1}{\sqrt{x^3}} - \frac{1}{3}\frac{1}{\sqrt[3]{x^4}}$

e. $f'(x) = \frac{x}{\sqrt{x^2+1}}$

f. $f'(x) = \frac{a(1-x^2)}{(x^2+1)^2}$

g. $f'(x) = \frac{x(x+2)}{(x+1)^2}$

h. $f'(x) = 8 \cdot \frac{x-2}{(x+2)^3}$

i. $f'(x) = \frac{a}{\sqrt{ax-b}}$

j. $f'(x) = \frac{5}{2}\sqrt{x^3}$

k. $f'(x) = -\frac{1}{2}\frac{1}{\sqrt{x^3}}$

l. $f'(x) = \frac{x^2-1}{x^2}$

m. $f'(x) = \frac{4-x}{(x-2)^3}$

n. $f'(x) = -\frac{3a^2}{(a^2x-b)^4}$

o. $f'(x) = -\frac{2}{(x+1)^3}$

p. $f'(x) = -\frac{1}{\sqrt{x}\cdot(1+\sqrt{x})^3}$

Aufgabe 2:

a. $k'(x) = f'(a+b^2x)\cdot b^2$

b. $k'(x) = -\frac{g'(x)+bf'(x)}{(g(x)+bf(x))^2}$

c. $k'(x) = \frac{a^2 f'(x)}{2\sqrt{a^2 f(x)+b}}$

d. $k'(x) = f'(g(x)+a)\cdot g'(x)$

6 Funktionen von zwei Variablen

Aufgabe 1:

a. $f(x,y) = xy$,

$D_f = \mathbb{R}^2$, f homogen vom Grad $r = 2$,

Höhenlinien: $z_0 = 0 \Rightarrow (x=0) \vee (y=0)$, $z_1 = 1 \Rightarrow y = \frac{1}{x}$,

$f_x = y$, $f_y = x$.

b. $f(x,y) = (x-2)\cdot(\sqrt{y}-1)$,

$D_f = \{(x,y) \in \mathbb{R}^2 |\ y \geq 0\}$, f nicht homogen,

Höhenlinien: $z_0 = 0 \Rightarrow (x = 2) \vee (y = 1), \quad z_1 = 1 \Rightarrow y = \frac{(x-1)^2}{(x-2)^2},$

$\frac{\partial f}{\partial x} = \sqrt{y} - 1, \quad \frac{\partial f}{\partial y} = \frac{1}{2}\frac{x-2}{\sqrt{y}}.$

c. $f(x,y) = x^2 - 2xy + y^2,$

$D_f = \mathbb{R}^2, \quad f$ homogen vom Grad $r = 2,$

Höhenlinien: $z_0 = 0 \Rightarrow y = x, \quad z_1 = 1 \Rightarrow y_1 = x - 1, y_2 = x + 1,$

$f_x = 2(x-y), \; f_y = -2(x-y).$

d. $f(x,y) = (x+1)^2 + (y-2)^2,$

$D_f = \mathbb{R}^2, \quad f$ nicht homogen,

Höhenlinien:

$z_0 = 0 \Rightarrow (x_0, y_0) = (-1, 2), \; z_1 = 1 \Rightarrow$ Kreis um $(-1,2)$ mit Radius $r = 1,$

$f_x = 2(x+1), \; f_y = 2(y-2).$

e. $f(x,y) = \frac{x}{y},$

$D_f = \{(x,y) \in \mathbb{R}^2 | \; y \neq 0\}, \quad f$ homogen vom Grad $r = 0,$

Höhenlinien: $z_0 = 0 \Rightarrow x = 0, \quad z_1 = 1 \Rightarrow y = x,$

$\frac{\partial f}{\partial x} = \frac{1}{y}, \; \frac{\partial f}{\partial y} = -\frac{x}{y^2}.$

f. $f(x,y) = \frac{x}{x-y},$

$D_f = \{(x,y) \in \mathbb{R}^2 | \; x \neq y\}, \quad f$ homogen vom Grad $r = 0,$

Höhenlinien: $z_0 = 0 \Rightarrow x = 0, \quad z_1 = 1 \Rightarrow y = 0,$

$\frac{\partial f}{\partial x} = -\frac{y}{(x-y)^2}, \; \frac{\partial f}{\partial y} = \frac{x}{(x-y)^2}.$

g. $f(x,y) = \ln(-xy),$

$D_f = \{(x,y) \in \mathbb{R}^2 | \; x\,y < 0\}, \quad f$ nicht homogen,

Höhenlinien: $z_0 = 0 \Rightarrow y = -\frac{1}{x}, \quad z_1 = 1 \Rightarrow y = -\frac{e}{x},$

$$\frac{\partial f}{\partial x} = \frac{1}{x}, \quad \frac{\partial f}{\partial y} = \frac{1}{y}.$$

h. $f(x,y) = \ln(x^2 + y + 1)$,

$D_f = \{(x,y) \in \mathbb{R}^2 |\ y > -1 - x^2\}$, $\quad f$ nicht homogen,

Höhenlinien: $z_0 = 0 \Rightarrow y = -x^2$, $\quad z_1 = 1 \Rightarrow y = -x^2 + 1,7$,

$$\frac{\partial f}{\partial x} = \frac{2x}{x^2 + y + 1}, \quad \frac{\partial f}{\partial y} = \frac{1}{x^2 + y + 1}.$$

i. $f(x,y) = x^{0.2} \cdot y^{0.4}$,

$D_f = \mathbb{R}^2$, $\quad f$ homogen vom Grad $r = 0.6$,

Höhenlinien: $z_0 = 0 \Rightarrow (x = 0) \vee (y = 0)$, $\quad z_1 = 1 \Rightarrow y = \frac{1}{\sqrt{x}}$,

$$f_x = 0.2 \cdot \frac{y^{0.4}}{x^{0.8}}, \quad f_y = 0.4 \cdot \frac{x^{0.2}}{y^{0.6}}.$$

j. $f(x,y) = x^{0.1} \cdot y^{-0.5}$,

$D_f = \{(x,y) \in \mathbb{R}^2 |\ x \geq 0, y > 0\}$, $\quad f$ homogen vom Grad $r = -0.4$,

Höhenlinien: $z_0 = 0 \Rightarrow x = 0$, $\quad z_1 = 1 \Rightarrow y = \sqrt[5]{x}$,

$$f_x = \frac{0.1}{x^{0.9} \cdot y^{0.5}}, \quad f_y = -0.5 \cdot \frac{x^{0.1}}{y^{1.5}}.$$

Aufgabe 2:

a. $f_x = 2xy, \quad f_y = x^2$

b. $\frac{\partial f}{\partial x} = -\frac{2x}{(x^2 + y^2)^2}, \quad \frac{\partial f}{\partial y} = -\frac{2y}{(x^2 + y^2)^2}$

c. $\frac{\partial f}{\partial x} = 2x \cdot (y - \frac{1}{2}), \quad \frac{\partial f}{\partial y} = x^2 - 1$

d. $f_x = 4 \cdot \frac{y}{x}, \quad f_y = 2 \cdot \ln x^2$

e. $f_x = \frac{y^2}{(x + y)^2}, \quad f_y = \frac{x^2}{(x + y)^2}$

Aufgabe 3:

a. $f(x,y) = (x-2)\cdot(y-4)$ $\quad df(3,5)(1,1) = 2 \quad \Delta f = 3$

b. $f(x,y) = xy^2$ $\quad df(2,2)(2,-2) = -8 \quad \Delta f = -8$

c. $f(x,y) = \sqrt{x^2+y^2}$ $\quad df(2,2)(1,2) = 2,12 \quad \Delta f = 2,17$

d. $f(x,y) = \dfrac{xy}{x+y}$ $\quad df(2,2)(4,4) = 2 \quad \Delta f = 2$

Aufgabe 4:

a. $f(x,y) = xy^2$ $\quad \dfrac{dy}{dx} = -\dfrac{y}{2x} \quad \dfrac{dy}{dx}(1,2) = -1$

b. $f(x,y) = (x-1)\cdot(y-2)$ $\quad \dfrac{dy}{dx} = -\dfrac{y-2}{x-1} \quad \dfrac{dy}{dx}(2,4) = -2$

c. $f(x,y) = 4\sqrt{x}\cdot y$ $\quad \dfrac{dy}{dx} = -\dfrac{1}{2}\cdot\dfrac{y}{x} \quad \dfrac{dy}{dx}(2,6) = -\dfrac{3}{2}$

7 Umkehrfunktion, zusammengesetzte Funktion

Aufgabe 1:

a. $f(x) = \dfrac{1}{x}$, $\quad f$ streng monoton fallend in $]-\infty,0[$ und $]0,\infty[$

b. $f(x) = \dfrac{1}{(x-2)^2}$,

f streng monoton wachsend in $]-\infty,2[$,

f streng monoton fallend in $]2,\infty[$

c. $f(x) = (x-1)^3$, $\quad f$ streng monoton wachsend in $\mathbb{R}$

d. $f(x) = \dfrac{1}{x^2-1}$,

f streng monoton wachsend in $]-\infty,-1[$ und $]-1,0]$,

f streng monoton fallend in $[0,1[$ und $]1,\infty[$

e. $f(x) = \dfrac{1}{x^2+1}$,

f streng monoton wachsend in $]-\infty, 0]$,

f streng monoton fallend in $[0, \infty[$

f. $f(x) = \dfrac{x}{x^2+1}$,

f streng monoton wachsend in $[-1, 1]$,

f streng monoton fallend in $]-\infty, -1]$ und $[1, \infty[$

Aufgabe 2:

a. $f(x) = x^2 - 1, \;\; g(x) = \sqrt{x}$

$g(f(x))$ existiert nicht, $f(g(x)) = x - 1$ mit $D_{f(g(x))} = [0, \infty[$

b. $f(x) = \dfrac{1}{x}, \;\; g(x) = \sqrt{x}, \qquad g(f(x))$ und $f(g(x))$ existieren nicht

c. $f(x) = \dfrac{1}{x}, \;\; g(x) = \dfrac{1}{x}$,

$g(f(x)) = x$ mit $D_{g(f(x))} = \mathbb{R} \setminus \{0\}, \qquad f(g(x)) = x$ mit $D_{f(g(x))} = \mathbb{R} \setminus \{0\}$

d. $f(x) = \dfrac{1}{x}, \;\; g(x) = x - 1, \qquad g(f(x)) = \dfrac{1}{x} - 1, \;\; f(g(x))$ existiert nicht

e. $f(x) = \dfrac{2}{x-3}, \;\; g(x) = x^2 + 1$

$g(f(x)) = \dfrac{4}{(x-3)^2} + 1, \;\; f(g(x))$ existiert nicht

f. $f(x) = ax + b, \;\; g(x) = \sqrt{x}, \qquad g(f(x))$ existiert nicht, $f(g(x)) = a\sqrt{x} + b$

Aufgabe 3:

a. $f(x) = -\dfrac{1}{x} \Rightarrow f^{-1}(x) = -\dfrac{1}{x}$

mit $f^{-1} :]0, \infty[\to]-\infty, 0[$ und $f^{-1} :]-\infty, 0[\to]0, \infty[$

b. $f(x) = 2x + 1 \Rightarrow f^{-1}(x) = \dfrac{x}{2} - \dfrac{1}{2}$ mit $f^{-1} : \mathbb{R} \to \mathbb{R}$

c. $f(x) = -x^2 + 1 \Rightarrow$

$f^{-1}(x) = -\sqrt{1-x}$ mit $f^{-1} :]-\infty, 1] \to]-\infty, 0]$ und

$f^{-1}(x) = \sqrt{1-x}$ mit $f^{-1} :]-\infty, 1] \to [0, \infty[$

d. $f(x) = x^3 \Rightarrow f^{-1}(x) = \sqrt[3]{x}$ mit $f^{-1} : \mathbb{R} \to \mathbb{R}$

e. $f(x) = \dfrac{1-x}{x-2} \Rightarrow f^{-1}(x) = \dfrac{1+2x}{x+1}$ mit

$f^{-1} :]-1, \infty[\to]-\infty, 2[$ und $f^{-1} :]-\infty, -1[\to]2, \infty[$

f. $f(x) = \sqrt{x} + 1 \Rightarrow f^{-1}(x) = (x-1)^2$ mit $f^{-1} : [1, \infty[\to [0, \infty[$

g. $f(x) = \dfrac{1}{ax+b} \Rightarrow f^{-1}(x) = \dfrac{1}{a} \cdot \left(\dfrac{1}{x} - b\right)$ mit

$f^{-1} :]-\infty, 0[\to]-\infty, -\dfrac{b}{a}[$ und $f^{-1} :]0, \infty[\to]-\dfrac{b}{a}, \infty[$

8 Exponential- und Logarithmusfunktion

Aufgabe 1:

a. $f(x) = \ln(x+1) \quad D_f =]-1, \infty[,$ Nullstelle: $x_0 = 0$

$\lim\limits_{x \to -1, x > -1} f(x) \to -\infty, \quad \lim\limits_{x \to \infty} f(x) \to \infty.$

b. $f(x) = \ln(\sqrt{x} + 1) \quad D_f = [0, \infty[,$ Nullstelle: $x_0 = 0$

$\lim\limits_{x \to 0, x > 0} f(x) = 0, \quad \lim\limits_{x \to \infty} f(x) \to \infty.$

c. $f(x) = \ln(x^2 + 1) \quad D_f = \mathbb{R},$ Nullstelle: $x_0 = 0$

$\lim\limits_{x \to \pm\infty} f(x) \to \infty.$

d. $f(x) = -\ln(-2x) \quad D_f =]-\infty, 0[,$ Nullstelle: $x_0 = -\dfrac{1}{2}$

$\lim\limits_{x \to -\infty} f(x) \to -\infty, \quad \lim\limits_{x \to 0, x < 0} f(x) \to \infty.$

e. $f(x) = \ln(\ln x) \quad D_f =]1, \infty[,$ Nullstelle: $x_0 = e$

$\lim\limits_{x \to 1, x > 1} f(x) \to -\infty, \quad \lim\limits_{x \to \infty} f(x) \to \infty$

f. $f(x) = \ln \dfrac{x}{x+1} \quad D_f =]-\infty, -1[\cup]0, \infty[,$ keine Nullstellen

$\lim\limits_{x \to -\infty} f(x) = 0, \quad \lim\limits_{x \to -1, x < -1} f(x) \to \infty,$

$$\lim_{x\to 0, x>0} f(x) \to -\infty, \quad \lim_{x\to\infty} f(x) = 0.$$

Aufgabe 2:

a. $\lim_{x\to\infty} 4(1-e^{-x}) = 4,$ $\quad \lim_{x\to-\infty} 4(1-e^{-x}) \to -\infty$

b. $\lim_{x\to\infty} \frac{5}{1+e^{-2x}} = 5,$ $\quad \lim_{x\to-\infty} \frac{5}{1+e^{-2x}} = 0$

c. $\lim_{x\to 1, x>1} \frac{e^x-1}{x-1} \to \infty,$ $\quad \lim_{x\to 1, x<1} \frac{e^x-1}{x-1} \to -\infty$

d. $\lim_{x\to-\infty} \frac{e^x-1}{x-1} = 0$

e. $\lim_{x\to\infty} \ln(e^x+1) \to \infty,$ $\quad \lim_{x\to-\infty} \ln(e^x+1) = 0$

Aufgabe 3:

a. $f'(x) = \frac{1}{x}$

b. $f'(x) = \frac{1}{\ln x}\cdot\frac{1}{x}$

c. $f'(x) = -a$

d. $f'(x) = -\frac{x^2+1}{x(x^2-1)}$

e. $f'(x) = \frac{6}{x^2}\cdot(1-\ln(ax))$

f. $f'(x) = \frac{ax}{ax^2+b}$

g. $f'(x) = e^{-ax}\cdot(1-ax)$

h. $f'(x) = -10\cdot\frac{e^{2x}}{(e^{2x}+1)^2}$

i. $f'(x) = \frac{e^x}{(e^x+1)^2}$

j. $f'(x) = \frac{1}{x(\ln x+1)^2}$

k. $f'(x) = e^{x+1}\cdot(2x+1)$

l. $f'(x) = -(x-1)^2\cdot e^{-x}$

Aufgabe 4:

a. $a = 2,\ b = -\frac{1}{2} \Rightarrow f(x) = 2e^{\frac{1}{2}(x-1)}$

b. $a = 4,\ b = 2 \Rightarrow f(x) = \frac{2e^{4x}}{1+e^{4x}}$

Aufgabe 5:

a. $x = 2$

b. $\mathbb{L} = \emptyset$

c. $x = -\frac{1}{2}$

d. $x = e^{-4}$

e. $x = 1$

f. $x = e^{\frac{1}{3}}$

g. $x_1 = 1, x_2 = e^8$ **h.** $x_1 = e, x_2 = e^{-6}$ **i.** $x = \frac{1}{8}$

j. $x = -2$ **k.** $x = \ln 4$ **l.** $x_1 = 0, x_2 = \sqrt[3]{4}$

m. $x = 4$ **n.** $x = 2$ **o.** $x_1 = 0, x_2 = -1$

p. $\mathbb{L} = \emptyset$ **q.** $x = \frac{\ln 3}{\ln 2}$ **r.** $x = \frac{\ln 4}{\ln 6}$

s. $x = 0$ **t.** $x = \frac{\ln 2}{\ln 3 - \ln 2}$

9 Kurvendiskussion

Aufgabe 1:

A. **a.** $f(x) = x(x-3)^2$: $D_f = \mathbb{R}$, Nullstellen: $x_0 = 0, x_1 = 3$

b. $\lim\limits_{x\to-\infty} f(x) \to -\infty$, $\lim\limits_{x\to\infty} f(x) \to \infty$

c. Maximum: $(x, y) = (1, 4)$, Minimum: $(x, y) = (3, 0)$,

Wendepunkt: $(x, y) = (2, 2)$

B. **a.** $f(x) = x - 1 + \frac{1}{x}$: $D_f = \mathbb{R} \setminus \{0\}$, keine Nullstellen

b. $\lim\limits_{x\to-\infty} f(x) \to -\infty$, $\lim\limits_{x\to\infty} f(x) \to \infty$,

$\lim\limits_{x\to 0, x>0} f(x) \to \infty$, $\lim\limits_{x\to 0, x<0} f(x) \to -\infty$

c. Maximum: $(x, y) = (-1, -3)$, Minimum: $(x, y) = (1, 1)$

C. **a.** $f(x) = \frac{x}{x^2+1}$: $D_f = \mathbb{R}$, Nullstelle: $x_0 = 0$

b. $\lim\limits_{x\to\pm\infty} f(x) = 0$

c. Maximum: $(x, y) = \left(1, \frac{1}{2}\right)$, Minimum: $(x, y) = \left(-1, -\frac{1}{2}\right)$,

Wendepunkte in $(x, y) = \left(-\sqrt{3}, -\frac{\sqrt{3}}{4}\right)$, $(0, 0)$, $\left(\sqrt{3}, \frac{\sqrt{3}}{4}\right)$

D. **a.** $f(x) = 8xe^{-x}$: $D_f = \mathbb{R}$, Nullstelle: $x_0 = 0$

b. $\lim\limits_{x\to-\infty} f(x) \to -\infty$, $\lim\limits_{x\to\infty} f(x) = 0$

c. Maximum: $(x,y) = (1, 8e^{-1})$, Wendepunkt: $(x,y) = (2, 16e^{-2})$

E. a. $f(x) = 4 - \dfrac{5}{e^{2x}+1}$: $D_f = \mathbb{R}$, Nullstelle: $x_0 = -\dfrac{\ln 4}{2}$

b. $\lim\limits_{x\to-\infty} f(x) = -1$, $\lim\limits_{x\to\infty} f(x) = 4$

c. kein Extremum, Wendepunkt: $(x,y) = \left(0, \dfrac{3}{2}\right)$

F. a. $f(x) = (e^x - 2)^2$: $D_f = \mathbb{R}$, Nullstelle: $x_0 = \ln 2$

b. $\lim\limits_{x\to-\infty} f(x) = 4$, $\lim\limits_{x\to\infty} f(x) \to \infty$

c. Minimum: $(x,y) = (\ln 2, 0)$, Wendepunkt: $(x,y) = (0,1)$

G. a. $f(x) = \ln(e^x + 1)$: $D_f = \mathbb{R}$, keine Nullstellen

b. $\lim\limits_{x\to-\infty} f(x) = 0$, $\lim\limits_{x\to\infty} f(x) \to \infty$

c. keine Extrema, keine Wendepunkte

Schnittpunkt mit y-Achse: $y_0 = \ln 2$

Aufgabe 2:

a. $f(x) = 9x(x+1)^2$
streng monoton wachsend in $]-\infty, -1]$ und $[-\frac{1}{3}, \infty[$,
streng monoton fallend in $[-1, -\frac{1}{3}]$,
konvex in $]-\frac{2}{3}, \infty[$, konkav in $]-\infty, -\frac{2}{3}[$.

b. $f(x) = x + \dfrac{1}{x}$
streng monoton wachsend in $]-\infty, -1]$ und $[1, \infty[$,
streng monoton fallend in $[-1, 0[$ und $]0, 1]$,
konvex in $]0, \infty[$, konkav in $]-\infty, 0[$.

c. $f(x) = 4xe^{-2x}$
streng monoton wachsend in $]-\infty, \frac{1}{2}]$, streng monoton fallend in $[\frac{1}{2}, \infty[$,
konvex in $]1, \infty[$, konkav in $]-\infty, 1[$.

d. $f(x) = \dfrac{4}{e^x + 1}$

streng monoton fallend in $\mathbb{R}$, konvex in $]0, \infty[$, konkav in $]-\infty, 0[$.

Aufgabe 3:

a. Tangente in $x_0 = -\sqrt{2}$: $T(x) = 4x + 4\sqrt{2}$

$x_1 = 0$: $T(x) = -2x$

b. Tangente in $x_0 = -2$: $T(x) = \dfrac{1}{4}x + 2$

$x_1 = 1$: $T(x) = x - 1$

c. Tangente in $x_0 = -2$: $T(x) = -2$

$x_1 = 1$: $T(x) = -\dfrac{3}{4}x + 1$

d. Tangente in $x_0 = -\dfrac{1}{2}$: $T(x) = x + 1 - \ln 2$

$x_1 = 0$: $T(x) = 0$

Aufgabe 4:

a. $f(x) = \dfrac{1}{e^{2x} + 1}$:

$f^{-1} :]0, 1[\to \mathbb{R}$ existiert mit $f^{-1}(x) = \dfrac{1}{2} \ln\left(\dfrac{1-x}{x}\right)$

b. $f(x) = \ln(2x - 3)$:

$f^{-1} : \mathbb{R} \to]\dfrac{3}{2}, \infty[$ existiert mit $f^{-1}(x) = \dfrac{1}{2}(e^x + 3)$

c. $f(x) = \ln(ax + b)$:

$f^{-1} : \mathbb{R} \to]-\dfrac{b}{a}, \infty[$ existiert mit $f^{-1}(x) = \dfrac{1}{a}e^x - \dfrac{b}{a}$

d. $f(x) = \ln\sqrt{x}$: $f^{-1} : \mathbb{R} \to]0, \infty[$ existiert mit $f^{-1}(x) = e^{2x}$

e. $f(x) = \ln(2x) - 1$: $f^{-1} : \mathbb{R} \to]0, \infty[$ existiert mit $f^{-1}(x) = \dfrac{1}{2}e^{x+1}$

f. $f(x) = \ln\sqrt[b]{ax}$: $f^{-1} : \mathbb{R} \to]0, \infty[$ existiert mit $f^{-1}(x) = \dfrac{1}{a}e^{bx}$

Aufgabe 5:

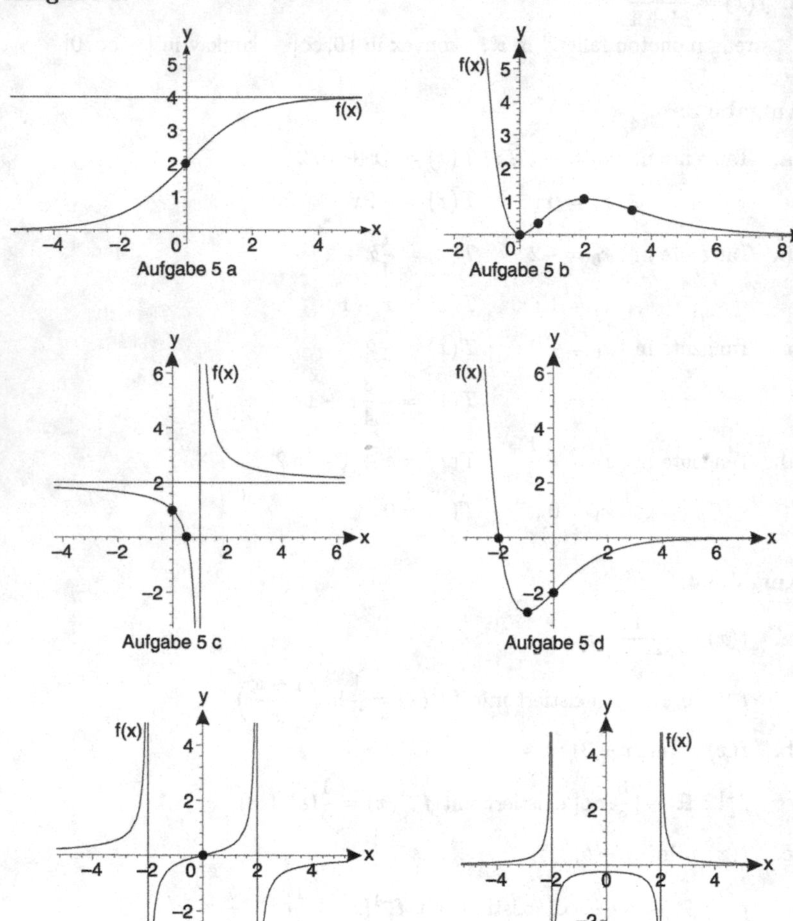
y
f(x)
x
Aufgabe 5 a
Aufgabe 5 b
Aufgabe 5 c
Aufgabe 5 d
Aufgabe 5 e
Aufgabe 5 f

10 Extrema mit und ohne Nebenbedingungen

Aufgabe 1:

a. Sattelpunkt in $(2,4)$
b. Maximum in $\left(\frac{1}{6},3\right)$
c. Sattelpunkt in $(0,0)$, Maximum in $(-4,-4)$
d. keine Aussage möglich
e. Minimum in (0,0), Sattelpunkte in $(3,2)$, $(3,-2)$, $(-3,2)$, $(-3,-2)$
f. Minimum in $(2,1)$, Maximum in $(-2,-1)$, Sattelpunkte in $(2,-1)$, $(-2,1)$
g. Minimum in $(0,0)$ für $-2 < a < 2$, Sattelpunkt in (0,0) für $(a < -2) \vee (a > 2)$, keine Aussage möglich für $a = \pm 2$
h. Sattelpunkt in $(0,0)$ für $a \neq 0$, keine Aussage möglich für $a = 0$
i. Minimum in $(0,0)$ für $a < 0$, Sattelpunkt in $(0,0)$ für $a > 0$, keine Aussage möglich für $a = 0$
j. Sattelpunkt in $(0,0)$ für alle $a \in \mathbb{R}$
k. Maximum in $(0,0)$ für $a < -\frac{1}{2}$, Minimum in $(0,0)$ für $a > \frac{1}{2}$, Sattelpunkt in $(0,0)$ für $-\frac{1}{2} < a < \frac{1}{2}$, keine Aussage möglich für $a = \pm\frac{1}{2}$
l. es existieren keine Extrema

Aufgabe 2:

a. $(1,1)$

b. $\left(\frac{1}{\sqrt{2}},\frac{1}{\sqrt{2}}\right)$, $\left(-\frac{1}{\sqrt{2}},\frac{1}{\sqrt{2}}\right)$, $\left(\frac{1}{\sqrt{2}},-\frac{1}{\sqrt{2}}\right)$, $\left(-\frac{1}{\sqrt{2}},-\frac{1}{\sqrt{2}}\right)$

c. $\left(\sqrt{2},\frac{1}{\sqrt{2}}\right)$, $\left(-\sqrt{2},-\frac{1}{\sqrt{2}}\right)$

d. $\left(\frac{10}{3},\frac{10}{3}\right)$, (10,0)

e. $\left(\frac{1}{2},\frac{1}{2a}\right)$ für $a \neq 0$

f. $\left(\frac{a}{1+a^2},\frac{1}{1+a^2}\right)$ für $a \neq 0$, $(0,1)$ für $a = 0$

g. $(2,1)$, $(-2,-1)$

h. $\left(-\frac{1}{4},\frac{3}{2}\right)$

11 Integralrechnung

Aufgabe 1:

a. $\frac{x^4}{4}+\frac{x^2}{2}-x+c$ **b.** $\frac{1}{3}\sqrt{x^3}+c$

c. $-\frac{1}{x}-\frac{1}{2}\cdot\frac{1}{x^2}+c$ **d.** $\frac{a^2}{b^4}\cdot\frac{x^4}{4}+c$

e. $-e^{-x}+c$ **f.** $e^{ax}+c$

g. $\frac{2}{5}\sqrt{x^5}-\frac{4}{3}\sqrt{x^3}-6\sqrt{x}+c$ **h.** $\ln(x^3-x)+c$

Aufgabe 2:

a. 2 **b.** 75 **c.** $\frac{8}{9}$

d. $\frac{\sqrt[3]{2}}{3}$ **e.** $4+\ln 3$ **f.** 1

g. 5 **h.** $\frac{1}{7}(e^{10}-e^5)$ **i.** $\frac{1}{3}(e^1-e^{-1})$

j. $\frac{3}{2}(\ln 5-\ln 4)$ **k.** $\frac{\ln 2}{5}$

Aufgabe 3:

a. $b_1=1,\ b_2=\frac{1}{2}$ **b.** $b_{1,2}=\pm 1$

Aufgabe 4:

$\int_0^1 xf(x)\,dx=-1$ z. B. für $f(x)=-2$ oder $f(x)=-3x$.

Aufgabe 5:

a. $F=\frac{1}{6}$ **b.** $F=\frac{1}{2}$ **c.** $F=\frac{8}{3}$

Aufgabe 6:

a. $F_G=\frac{1}{2},\quad F_0=0$ **b.** $F_G=F_0=\frac{16}{3}$

c. $F_G = F_0 = -\frac{1}{2}(e^{-2} - 1) = 0,43$

Aufgabe 7:

a. existiert nicht b. $\frac{1}{3}$ c. existiert nicht

d. 1 e. existiert nicht f. existiert nicht

g. $\frac{1}{6}$ h. existiert nicht

12 Elastizitäten

Aufgabe 1:

a. $\epsilon_f(x) = \frac{x}{2(x-15)}$ b. $\epsilon_f(x) = \frac{1}{\ln x}$

c. $\epsilon_f(x) = \frac{1}{\ln x}$ d. $\epsilon_f(x) = bx$

e. $\epsilon_f(x) = -\frac{\sqrt{x}}{2}$ f. $\epsilon_f(x) = \frac{1}{2}\sqrt{x} \cdot \ln a$

g. $\epsilon_f(x) = n$ h. $\epsilon_f(x) = 1 - x \cdot \ln 2$

i. $\epsilon_f(x) = 1 - 2x^2$

13 Matrizen

Aufgabe 1:

a. $\mathbf{A} = \begin{pmatrix} 4 & 7 & 10 & 13 \\ 5 & 8 & 11 & 14 \\ 6 & 9 & 12 & 15 \end{pmatrix}$ b. $\mathbf{B} = \begin{pmatrix} 0 & -3 & -8 \\ 3 & 0 & -5 \\ 8 & 5 & 0 \end{pmatrix}$

c. $\mathbf{C} = \begin{pmatrix} 1 & 4 & 9 \\ 2 & 8 & 18 \\ 3 & 12 & 27 \end{pmatrix}$ d. $\mathbf{D} = \begin{pmatrix} 1 & 1 & 1 \\ 1 & 2 & 4 \\ 1 & 3 & 9 \end{pmatrix}$

Aufgabe 2:

$$\mathbf{a} + 2\mathbf{b} = \begin{pmatrix} 3 \\ 0 \\ 3 \end{pmatrix} \qquad 3\mathbf{a}' + \mathbf{b}' = (\ 9,\ \ 5,\ \ -1\ )$$

$\mathbf{a} + \mathbf{b}'$, $\mathbf{a} + \mathbf{b} - \mathbf{c}'$ nicht definiert, da die Vektoren nicht vergleichbar sind.

Aufgabe 3:

$$\mathbf{A} + \mathbf{B}' = \begin{pmatrix} 4 & 0 \\ 1 & 0 \\ 1 & 5 \end{pmatrix}, \quad \mathbf{C} + \mathbf{C}' = \begin{pmatrix} 2 & -1 \\ -1 & -2 \end{pmatrix}, \quad \mathbf{B} - \mathbf{B} = \begin{pmatrix} 0 & 0 & 0 \\ 0 & 0 & 0 \end{pmatrix} = \mathbf{0}$$

$\mathbf{A}' - 2\mathbf{B}'$, $3\mathbf{B} + \mathbf{C}$, $\mathbf{B} - \mathbf{B}'$
nicht definiert, da die Matrizen nicht vergleichbar sind.

Aufgabe 4:

a. $\mathbf{A} + \mathbf{B}$, $\mathbf{A} + \mathbf{C}$, $\mathbf{B} + \mathbf{C}$, $\mathbf{A} \cdot \mathbf{C}$, $\mathbf{B} \cdot \mathbf{A}$, $\mathbf{B} \cdot \mathbf{B}$, $\mathbf{C} \cdot \mathbf{C}$
sind nicht definiert.

$$\mathbf{A} \cdot \mathbf{B} = \begin{pmatrix} 8 & 0 \\ 5 & -1 \\ 8 & -1 \end{pmatrix} \qquad \mathbf{B} \cdot \mathbf{C} = \begin{pmatrix} 0 & 5 & 0 \\ 8 & -3 & 0 \\ 12 & 3 & 0 \end{pmatrix}$$

$$\mathbf{C} \cdot \mathbf{B} = \begin{pmatrix} 2 & 3 \\ 10 & -5 \end{pmatrix} \qquad \mathbf{C} \cdot \mathbf{A} = \begin{pmatrix} 4 & 5 & 9 \\ 0 & 5 & 5 \end{pmatrix}$$

$$\mathbf{A} \cdot \mathbf{A} = \begin{pmatrix} 1 & 4 & 7 \\ 0 & 2 & 3 \\ 0 & 3 & 5 \end{pmatrix}$$

b. i) 1 ii) 2 iii) 4
iv) 9 v) −1 vi) −2

Aufgabe 5:

a. $\mathbf{a}' \cdot \mathbf{a} = 6$

b. $\mathbf{a}' \cdot \mathbf{A} = (\ 6,\ \ -6\ )$

c. $$\mathbf{A} \cdot \mathbf{B} = \begin{pmatrix} 2 & 0 & -3 \\ 0 & -4 & 3 \\ 2 & 4 & -6 \end{pmatrix}$$

d. $$\mathbf{B} \cdot \mathbf{B}' = \begin{pmatrix} 13 & 2 \\ 2 & 5 \end{pmatrix}$$

e. $\mathbf{a} \cdot \mathbf{a}' = \begin{pmatrix} 1 & -1 & 2 \\ -1 & 1 & -2 \\ 2 & -2 & 4 \end{pmatrix}$ **f.** $\mathbf{B} \cdot \mathbf{a} \cdot \mathbf{a}' = \begin{pmatrix} -4 & 4 & -8 \\ 3 & -3 & 6 \end{pmatrix}$

g. $\mathbf{a}' \cdot \mathbf{A} \cdot \mathbf{a}$ nicht definiert **h.** $\mathbf{a}' \cdot \mathbf{a} \cdot \mathbf{A} = \begin{pmatrix} 6 & 0 \\ -6 & 12 \\ 12 & -12 \end{pmatrix}$

Aufgabe 6:

a. $a = -\frac{1}{2}$ **b.** es existiert keine Lösung

Aufgabe 7:

a. $m \in \mathbb{N},\ n = 3$ **b.** $m = 2,\ n = 3$

c. $m = 3,\ n = 1$ **d.** $m = 1,\ n \in \mathbb{N}$

Aufgabe 8:

a. $m = 3,\ n = 3$ **b.** $m = 2,\ n = 3$

c. $m = 3,\ n \in \mathbb{N}$ **d.** $m = 2,\ n = 2$

Aufgabe 9:

a. $a = -\frac{3}{2}$ **b.** $a_1 = -2,\ a_2 = -1$

c. $a = 1,\ b = 3$ und $a = -1,\ b = -3$

Aufgabe 10:

a. $a_{12} \leq -1,\ a_{13} \leq 3,\ a_{21} \leq 0$ **b.** $a_{12} < -1,\ a_{13} < 3,\ a_{21} < 0$

c. $a_{12} = -1,\ a_{13} = 3,\ a_{21} = 0$ **d.** $(a_{12} \neq -1) \vee (a_{13} \neq 3) \vee (a_{21} \neq 0)$

14 Determinanten

Aufgabe 1:

a. 10 **b.** -5 **c.** 0

Aufgabe 2:

a. 9 **b.** 0 **c.** -4

Aufgabe 3:

a. $a_{1,2} = \pm 2$ **b.** $a_{1,2} = \pm\sqrt{2}$

c. $a_1 = 0,\ a_2 = -1$ **d.** $a_1 = -2,\ a_2 = 1$

Aufgabe 4:

a. $\lambda_1 = 2,\ \lambda_2 = -1$ **b.** $\lambda_1 = 7,\ \lambda_2 = 1$

Aufgabe 5:

a. $\begin{pmatrix} x_1 \\ x_2 \end{pmatrix} = \frac{1}{2a-9}\begin{pmatrix} 2a-12 \\ 2 \end{pmatrix}$, keine Lösung für $a = \frac{9}{2}$.

b. $\begin{pmatrix} x_1 \\ x_2 \end{pmatrix} = \frac{1}{a^2-3}\begin{pmatrix} 5a+3 \\ -3a-15 \end{pmatrix}$, keine Lösung für $a_{1,2} = \pm\sqrt{3}$.

c. $\begin{pmatrix} x_1 \\ x_2 \end{pmatrix} = \frac{1}{a^2-9}\begin{pmatrix} 7 \\ 7a \end{pmatrix}$, keine Lösung für $a_0 = 0,\ a_{1,2} = \pm 3$.

15 Inverse Matrizen

Aufgabe 1:

a. $\mathbf{A}^{-1} = \begin{pmatrix} 1 & 1 \\ -1 & 0 \end{pmatrix}$, $\mathbf{B}^{-1} = \begin{pmatrix} 2 & -1 \\ 3 & -2 \end{pmatrix}$, $\mathbf{C}^{-1}$ existiert nicht

b. $(\mathbf{A}+\mathbf{B})^{-1} = \frac{1}{6}\begin{pmatrix} -1 & 2 \\ -4 & 2 \end{pmatrix}$, $(\mathbf{A}\cdot\mathbf{C})^{-1}$ existiert nicht

Aufgabe 2:

$$\mathbf{A}^{-1} = \frac{1}{a-2}\begin{pmatrix} 1 & -1 \\ -2 & a \end{pmatrix} \text{ für } a \neq 2,$$

$$\mathbf{B}^{-1} = \frac{1}{2a-a^2}\begin{pmatrix} -a & -a \\ 1 & a-1 \end{pmatrix} \text{ für } a_1 \neq 0, a_2 \neq 2.$$

Aufgabe 3:

$$\begin{pmatrix} x_1 \\ x_2 \end{pmatrix} = \frac{1}{2}\begin{pmatrix} 1 \\ 0 \end{pmatrix} \qquad \text{für } \mathbf{b}_1 = \begin{pmatrix} 1 \\ -1 \end{pmatrix},$$

$$\begin{pmatrix} x_1 \\ x_2 \end{pmatrix} = \begin{pmatrix} 0 \\ 1 \end{pmatrix} \qquad \text{für } \mathbf{b}_2 = \begin{pmatrix} 2 \\ 3 \end{pmatrix},$$

$$\begin{pmatrix} x_1 \\ x_2 \end{pmatrix} = \frac{1}{5}\begin{pmatrix} -1 \\ 1 \end{pmatrix} \qquad \text{für } \mathbf{b}_3 = \begin{pmatrix} 0 \\ 1 \end{pmatrix}.$$

Aufgabe 4:

a. $\mathbf{X} = \begin{pmatrix} -2 & 0 \\ 0 & -2 \end{pmatrix}$ b. $\mathbf{X} = \begin{pmatrix} 2 & 8 \\ 0 & -4 \end{pmatrix}$

Aufgabe 5:

a. $\mathbf{E}$ b. $\mathbf{A}$ c. $\mathbf{B} \cdot \mathbf{A}$

d. $\mathbf{A} \cdot \mathbf{B}$ e. $\mathbf{A} \cdot \mathbf{B}^{-1}$ f. $\mathbf{E}$

g. $2\mathbf{E} - \mathbf{A}^{-1} - \mathbf{A}$ h. $\mathbf{A} \cdot \mathbf{B}^{-1} - \mathbf{B} \cdot \mathbf{A}^{-1}$

Aufgabe 6:

a. $\mathbf{X} = \mathbf{B} \cdot \mathbf{A}^{-1}$ b. $\mathbf{X} = \mathbf{A}^{-1} \cdot (\mathbf{C} - \mathbf{B})$

c. $\mathbf{X} = \mathbf{A}^{-1} \cdot \mathbf{B} \cdot (\mathbf{A}')^{-1}$ d. $\mathbf{x} = \mathbf{A}^{-1} \cdot \mathbf{b}$

e. $\mathbf{x} = (\mathbf{A} \cdot \mathbf{A}')^{-1} \cdot \mathbf{A}' \cdot \mathbf{a}$ f. $\mathbf{x} = (\mathbf{A} - \mathbf{E})^{-1} \cdot \mathbf{b}$

g. $\mathbf{x} = (\mathbf{A}' - \mathbf{B}')^{-1} \cdot \mathbf{b}$ h. $\mathbf{x} = (\mathbf{E} - \mathbf{A})^{-1} \cdot \mathbf{b}$

i. nicht definiert, da $\mathbf{A} \cdot \mathbf{x}$ $(n \times 1)$-Matrix, $\mathbf{b}'$ $(1 \times n)$-Matrix

16 Lineare Gleichungssysteme

Aufgabe 1:

a. $\begin{pmatrix} x_1 \\ x_2 \\ x_3 \end{pmatrix} = \begin{pmatrix} 0 \\ -1 \\ 3 \end{pmatrix}$ b. $\begin{pmatrix} x_1 \\ x_2 \\ x_3 \end{pmatrix} = \begin{pmatrix} 0 \\ 1 \\ 0 \end{pmatrix} + \frac{\lambda}{4} \cdot \begin{pmatrix} -1 \\ -3 \\ 4 \end{pmatrix}$

Aufgabe 2:

$$\begin{pmatrix} x_1 \\ x_2 \\ x_3 \\ x_4 \end{pmatrix} = \begin{pmatrix} -650 \\ 650 \\ 100 \\ 0 \end{pmatrix} + \lambda \cdot \begin{pmatrix} 17 \\ -16 \\ -2 \\ 1 \end{pmatrix}$$

17 Summen und Reihen

Aufgabe 1:

a. $3\sum_{i=1}^{8} i$ **b.** $\sum_{i=1}^{5} i^3$ **c.** $\frac{1}{2}\sum_{i=1}^{6}(-1)^{i+1} \cdot i$ **d.** $\sum_{i=1}^{5}(-1)^i \cdot \frac{1}{2i-1}$

Aufgabe 2:

a. $\sum_{i=0}^{7} \frac{1}{(i+3)(i+4)}$ **b.** $\sum_{i=0}^{8} \frac{(i+4)^2-1}{i+4}$ **c.** $\sum_{i=0}^{13} \frac{i-7}{3^{i-4}}$

Aufgabe 3:

Gegenbeispiel:

$$\sum_{i=1}^{2} \frac{i}{i+1} = \frac{1}{2} + \frac{2}{3} = \frac{3+4}{6} = \frac{7}{6} \neq \frac{\sum_{i=1}^{2} i}{\sum_{i=1}^{2}(i+1)} = \frac{1+2}{2+3} = \frac{3}{5} \Rightarrow \text{Aussage ist falsch!}$$

Aufgabe 4:

a. $a_i = 1 + 3(i-1)$ $s_{10} = 145$

b. $a_i = 4^{i-1}$ $s_{10} = 349.525$

c. $a_i = -3 - 2(i-1)$ $s_{10} = -120$

d. $a_i = (-2)^{i-1}$ $s_{10} = -341$

e. $a_i = 4 + \frac{1}{2}(i-1)$ $s_{10} = \frac{125}{2}$

f. $a_i = 3 \cdot \left(\frac{1}{2}\right)^{i-1}$ $s_{10} = 5,99$

Aufgabe 5:

a. $n = 100$ **b.** $a_1 = 5,\ d = \frac{5}{2}$

Aufgabe 6:

a. $n = 9$ **b.** $a_1 = 4,\ q = 3$

Aufgabe 7:

a. $s = 8.160$ **b.** $s = \frac{5}{2}$ **c.** $s = 1,25$

Aufgabe 8:

a. $n = 20$ **b.** $n = 81$ **c.** $x = 2$

18 Prozentrechnung

Aufgabe 1:

$A : 49,5\,\%$ $B : 44\,\%$ $C : 6,5\,\%$

Aufgabe 2:

a. $A : 30,1\,\%$ $B : 25,1\,\%$ $C : 22,8\,\%$ aller Wahlberechtigten

b. $A : 38,59\,\%$ $B : 32,18\,\%$ $C : 29,23\,\%$ der abgegebenen Stimmen

Aufgabe 3:

Es müssten sich noch 592 Frauen einschreiben

Aufgabe 4:

jüngster Sohn: 84 mittlerer Sohn: 126 ältester Sohn: 189

Aufgabe 5:

Mehrwertsteuerbetrag: $11,02$ €

Aufgabe 6:

Preiserhöhung: $2,59\,\%$

Aufgabe 7:

Anfangspreis: 14.459, 64 €

Aufgabe 8:

Einstellung von $0,02105 \cdot n$ Beschäftigten

Aufgabe 9:

96 %

19 Finanzmathematik

Aufgabe 1:

a. $K_5 = 1.216,51$ **b.** 4 %

Aufgabe 2:

a. $K_n = K_0 \cdot (1 + p_1) \cdot (1 + p_2) \cdot \ldots \cdot (1 + p_n)$

b. $p = \sqrt[n]{(1 + p_1)(1 + p_2) \cdot \ldots \cdot (1 + p_n)} - 1$

Aufgabe 3:

Angebot A ist günstiger wegen
Barwert bei A: 259.789, 13 Barwert bei B: 253.162, 31

Aufgabe 4:

a. $K_n = K_0 \cdot (1 + p - p \cdot s)^n$ **b.** $K_{10} = 1.318,05$

c. $K_{10} = 1.480,24$ **d.** 54 %

Aufgabe 5:

$K_n = 555,75$

Aufgabe 6:

$A = 116.978,13$

Aufgabe 7:

a. 4, 84 % **b.** $T = 1.225,60$

Aufgabe 8:

a. $K_n = 604,38$ b. $K_n = B \cdot (12 + 6,5 \cdot p)$

Aufgabe 9:

a. Tilgungsplan

Jahr k	Restschuld am Jahresanfang	Zinsen Z_k	Tilgungsrate T_k	Annuität A_k
1	300.000	27.000	75.000	102.000
2	225.000	20.250	75.000	95.250
3	150.000	13.500	75.000	88.500
4	75.000	6.750	75.000	81.750
		67.500	300.000	367.500

b. Tilgungsplan

Jahr k	Restschuld am Jahresanfang	Zinsen Z_k	Tilgungsrate T_k	Annuität A_k
1	300.000	27.000	100.000	127.000
2	200.000	18.000	60.000	78.000
3	140.000	12.600	50.000	62.600
4	90.000	8.100	90.000	98.100
		65.700	300.000	365.700

Aufgabe 10:

a. Tilgungsplan

Jahr k	Restschuld am Jahresanfang	Zinsen Z_k	Tilgungsrate T_k	Annuität A_k
1	1.000.000	90.000	218.668,66	308.668,66
2	781.331,34	70.319,82	238.348,84	308.668,66
3	542.982,50	48.868,43	259.800,23	308.668,66
4	283.182,27	25.486,39	283.182,27	308.668,66
		234.674,63	1.000.000	1.234.674,64

b. $n = 27$ Jahre

Aufgabe 11:

Zuwachsrate $0,361\,\%$

20 Lineare Programmierung

Aufgabe 1:

$(x_{max}, y_{max}) = (6,8)$, $z_{max} = 26$

Aufgabe 2:

a. $(x_{max}, y_{max}) = (5,4)$, $z_{max} = 9$ **b.** $0 < a < 1$

Aufgabe 3:

a. $(x_{max}, y_{max}) = (4,6)$ $z_{max} = 8$ **b.** $-\frac{1}{2} < m < 1$

c. $m \in \left\{ -\frac{1}{2}, -\frac{1}{3}, \frac{2}{3}, 1 \right\}$

Literaturverzeichnis

[1] Fischer, G.: Lineare Algebra (16. Auflage), Vieweg+Teubner, Wiesbaden 2008.

[2] Luderer, B. und Würker, U.: Einstieg in die Wirtschaftsmathematik (7. Auflage), Vieweg+Teubner, Stuttgart 2009.

[3] Luderer, B., Paape, C. und Würker, U.: Arbeits- und Übungsbuch Wirtschaftsmathematik (5. Auflage), Vieweg+Teubner, Stuttgart 2008.

[4] Opitz, O.: Mathematik (9. Auflage), Oldenbourg, München 2004.

[5] Pfuff, F.: Mathematik für Wirtschaftswissenschaftler 1 (5. Auflage), Vieweg+Teubner, Wiesbaden 2009.

[6] Pfuff, F.: Mathematik für Wirtschaftswissenschaftler 2 (3. Auflage), Vieweg+Teubner, Wiesbaden 2009.

[7] Sydsæter, K. und Hammond, P.: Mathematik für Wirtschaftswissenschaftler (3. Auflage), Pearson Studium, München 2008.

Sachwortverzeichnis

Ableitung 32
  logarithmische 39
  partielle 48
Ableitungsregeln 33
Absolutbetrag 22
Annuität 71
arithmetische Reihe 65

Barwert 68, 70
binomische Formeln 11
Bruchrechnung 9

Cobb-Douglas-Funktion 49
Cramer'sche Regel 91

Definitionsbereich 23
Determinante 90
Differentialquotient 33
Differenzmenge 16
Durchschnittsmenge 15

Einheitsmatrix 78
Elastizität 63
Eliminationsverfahren nach Gauß 85
Entwicklungssatz von Laplace 91
Eulersche Zahl e 36
Exponentialfunktion 36
Extremwert 41, 54, 56
  Notwendige Bedingung 41, 54
  Hinreichende Bedingung 41, 54
  unter einer Nebenbedingung 56

Finanzmathematik 65
Flächeninhalt 61
Funktion 23
  konkave 25, 41
  konvexe 25, 41
  monoton fallende 24, 40
  monoton wachsende 24, 40
  von zwei Variablen 45

Geradengleichung 28
geometrische Reihe 65
  endliche 65
  unendliche 65
Gleichheit von Matrizen 73
Gleichung
  lineare 12
  quadratische 11
Gleichungssystem 83
  Lösung eines linearen 83
Grenzrate der Substitution 52
Grenzwert 29
  linksseitiger 29
  rechtsseitiger 29

hinreichende Bedingung 41, 54
Höhenlinie 45
Homogenität 47

Indifferenzkurve 45
Integral 59
  bestimmtes 60
  unbestimmtes 59
  uneigentliches 62
Intervall 17
Inverse einer Matrix 93
  Berechnung 93
  (2×2)-Matrix 94

Kettenregel 34
Koeffizientenmatrix 83
  erweiterte 86
Komplementärmenge 16
konkave Funktion 25, 41
konvexe Funktion 25, 41
Krümmungsverhalten 25, 41
Kurvendiskussion 40

Lagrange-Funktion 56
Lagrange-Methode 56
leere Menge 15
Leontief-Modell 96
lineare Abhängigkeit 82
lineare Gleichung
  mit zwei Variablen 12
  grafische Lösung 12
lineare Programmierung 97
lineare Unabhängigkeit 82, 91
Linearkombination 82
lineares Gleichungssystem 83
Logarithmusfunktion 36
Lösung
  einer quadratischen Gleichung 11
  eines linearen Gleichungssystems 85
  einer Ungleichung 20

Mächtigkeit einer Menge 15
Matrix 73
  inverse 93
  transponierte 79
Matrizen 73
  Addition von 74
  Gleichheit von 73
  Multiplikation von 76
  Multiplikation mit einem Skalar 74
  Multiplikation mit einem Vektor 75
Maximum 41, 54
Mengen 15
  Differenz von 16
  Durchschnitt von 15
  Komplement von 16
  Vereinigung von 16
Minimum 41, 54
Monotonieverhalten 24, 40

Nebenbedingung 56, 97
notwendige Bedingung 51, 54
n-Tupel 19
Nullmatrix 73
Nullvektor 73

partielle Ableitung 48
Potenzfunktion 33
Potenzrechenregeln 9
Produktmenge 18
Produktregel 34

Quotientenregel 34

Rang einer Matrix 89
Regel von Sarrus 90
Rentenrechnung 69

Sattelpunkt 54
Simplex-Verfahren 101
Skalenertrag 47
Skalarmultiplikation 74
Spaltenvektor 73
Substitutionsmethode 57
Stammfunktion 59
Steigung einer
  Geraden 32
  Höhenlinie 53
Summenformel 65, 66
Summenregel 34

Tangente 33
Teilmenge 15
Tilgungsrechnung 71
totales Differential 50
transponierte Matrix 79

Umkehrfunktion 25
Unendlich ∞ 29
Ungleichung 20
Vektoren 80
  linear abhängige 82
  Linearkombination von 82
  linear unabhängige 82

Vereinigungsmenge 16

Wendepunkt 42
Wertebereich 23
Wurzel 10

Zeilenvektor 73
Zielfunktion 97
Zinsen 67
Zinseszinsformel 67
zulässiger Bereich 97
zusammengesetzte Funktion 26

Printed in the United States
By Bookmasters